Gräserbestimmungsschlüssel für die häufigsten Grünland- und Rasengräser

Martin Elsäßer, Ernst Klapp,
Wilhelm Opitz v. Boberfeld

Gräserbestimmungsschlüssel für die häufigsten Grünland- und Rasengräser

7., aktualisierte Auflage
Mit 100 Abbildungen

Anschrift des Verfassers:
Prof. Dr. Martin Elsäßer, Landwirtschaftliches Zentrum Baden-Württemberg (LAZBW Aulendorf), Atzenberger Weg 99, 88326 Aulendorf und Institut für Kulturpflanzenwissenschaften, Universität Hohenheim, Fruwirthstraße 23, 70593 Stuttgart
Prof. Dr. Dr. h.c. Wilhelm Opitz von Boberfeld (†) war Professor für Grünlandwirtschaft und Futterbau an der Justus-Liebig-Universität in Gießen

Bibliografische Information der Deutschen Bibliothek
Die Deutsche Bibliothek verzeichnet diese Publikation in der Deutschen Nationalbibliografie; detaillierte bibliografische Daten sind im Internet über http://dnb.ddb.de abrufbar.

Wollgrasweg 41, 70599 Stuttgart (Hohenheim)
E-Mail: info@ulmer.de
Internet: www. ulmer.de
Lektorat: Pia Fehrenbach
Herstellung: Jürgen Sprenzel
Umschlagentwurf: Atelier Reichert, Stuttgart
Satz: r&p digitale medien, Echterdingen
Druck und Bindung: Pustet, Regensburg
Printed in Germany

ISBN 978-3-8186-0975-7

Inhaltsverzeichnis

Vorwort

Die nun vorgelegte 7. Auflage des Gräserbestimmungsschlüssels für die häufigsten Grünland- und Rasengräser beruht weitgehend auf dem ursprünglich von Ernst Klapp erstellten und von Wilhelm Opitz von Boberfeld mehrfach überarbeiteten Schlüssel. Die Grundlage dieses Schlüssels wurde von mir übernommen, durchgesehen und durch weitere ökologische Kennwerte ergänzt. Er bietet eine Einheit mit dem ebenfalls von mir neu bearbeiteten Kräuterbestimmungsschlüssel, der nunmehr in der 5. Auflage vorliegt. Die berücksichtigten 49 Arten des Gräserbestimmungsschlüssels stellen eine Auswahl der auf dem Wirtschaftsgrünland und den genutzten Rasenflächen häufig vorkommenden Süßgräser (Poaceae) dar. Diese Einschränkung ist für Anfänger didaktisch von Vorteil. Opitz von Boberfeld wies bereits in der vorherigen Ausgabe darauf hin, dass sich diese Einschränkung auf relativ wenige Arten dort ins Negative verkehrt, wo extremere Standortverhältnisse vorliegen. Auf Salz-, Mager- oder Trockenrasen oder in Seggenriedern können evtl. nicht alle vorhandenen Arten sauber angesprochen und erfasst werden. Das ist bei der Benutzung dieser Flora stets zu beachten.

Da die Gräser bewirtschafteter Flächen gewöhnlich selten bzw. nur für ganz kurze Zeit das Entwicklungsstadium Blüte erreichen, liegt der Schwerpunkt der Ansprache auf den artspezifischen vegetativen Merkmalen. Das Randregister wurde wie in den vorherigen Ausgaben beibehalten. Auf eine Stanzung wurde aus Kostengründen verzichtet, das Randregister kann aber vom jeweiligen Benutzer einfach nachbearbeitet werden. In Ergänzung zu früheren Ausgaben wird die Legende der verwendeten Abkürzungen u. a. durch eine Klappeninnenseite für den Leser besser verfügbar.

Einige Erläuterungen, vor allem zu den Saatgutmischungen sowie das Literaturverzeichnis wurden mit der Überarbeitung in dieser Auflage wieder auf den aktuellen Stand gebracht. Den Mitarbeitern des Verlages Eugen Ulmer Stuttgart, sei für die konstruktive Zusammenarbeit gedankt. Ebenso danke ich Mathias Busch und Dr. Kerstin Grant und Dr. Niels Böhling für die Mithilfe und Diskussionsbereitschaft. Möge die Flora all denen die sich mit Grünland- und Rasenflächen beschäftigen, ein hilfreicher Begleiter sein.

Aulendorf, im Herbst 2019 *Martin Elsäßer*

1 Allgemeine Artencharakteristik

1.1 Häufigkeitsangaben

Im Bestimmungsschlüssel, der lediglich die am häufigsten im Wirtschaftsgrünland und auf Rasenflächen vorkommenden 49 Gräser berücksichtigt, finden sich zu der Häufigkeit des Vorkommens einzelner Arten folgende Anmerkungen:

- Stark verbreitet → vbtt.
- Häufig verbreitet → hfg.
- Zerstreut vorkommend → zstr.
- Seltener vorkommend → slt.

Diese Angaben sind einem bewirtschaftungsbedingten Wandel der Nutzungs- und Düngeintensität unterworfen. Infolge des Zwangs zu bester Futterqualität bei Verwendung der Aufwüchse in der Tierhaltung haben sich die Grünlandbestände auf landwirtschaftlich genutztem Grünland im Vergleich zu den von Opitz von Boberfeld in der vorigen Ausgabe erwähnten Quellen durch zunehmende Intensivierung und vor allem durch die mit ihr verbundenen Nach- oder Neueinsaaten stark verändert. Der früher noch dominante Glatthafer zum Beispiel, als typisches Wiesengras eher extensiv genutzten Grünlandes, hat inzwischen weit geringere Bedeutung als früher. Nach bayerischen Monitoring-Ergebnissen von Grünlandflächen (Kuhn, *et al.*, 2011) haben dagegen sowohl Wiesenfuchsschwanz (*Alopecurus pratense*) als auch Gemeine Rispe (*Poa trivialis*) erheblich zugenommen. Deutsches Weidelgras (*Lolium perenne*) und Bastardweidelgras (*Lolium hybridum*) nehmen ebenfalls große Anteile am Dauergrünland ein, wobei die Bestände sich naturgemäß je nach Standort (Wasserverfügbarkeit, Bodengründigkeit und Höhenlage) und Nutzungshäufigkeit erheblich unterscheiden. Die Gräseranteile nahmen offensichtlich mit steigender Nutzungsintensität zu, während die Gesamtartenzahl und der Kräuteranteil sanken.

Obwohl hier lediglich die am stärksten verbreiteten Gräser berücksichtigt sind, zählen inzwischen einige der Gräser zu den regionsabhängig gefährdeten Arten (Buttler *et al.*, 2018). Für den Grad der Gefährdung hinsichtlich ihrer Ausbreitung dient die aktuelle Rote Liste als Grundlage (BfN, 2018).

RL = Rote Liste Kategorie

- Ausgestorben oder verschollen → RL 0
- Vom Aussterben bedroht → RL 1
- Stark gefährdet → RL 2
- Gefährdet → RL 3
- Vorwarnliste → RL V

1.2 Standortangaben

Die Angaben zu den bevorzugt besiedelten Standorten einzelner Arten können nur für den Regel-, nicht für den Einzelfall gelten. Diese Hinweise sollen bei der Bestimmung im Gelände zusätzliche Sicherheit geben. Für eine korrekte Standortansprache sind einzelne Arten weniger geeignet. Hier liefert die Pflanzengesellschaft wesentlich bessere Informationen. Zwischen folgenden Eigenschaften wird unterschieden:

- Wasserversorgung
  - Überschwemmungsflächen → Überschw.
  - feucht → feu.
  - wechselfeucht → wechself.
  - frisch → fri.
  - trocken → tr.
- Bewirtschaftung und Lage
  - Wiesen und Weiden → Grünld.
  - in Weiden, weidefest → Weid.
  - in Wiesen, weideempfindlich → Wies.
  - Ackerfutterbau → Ackerfu.
  - Trittrasen → Trittr.
  - Ödlandrasen → Ödld.
  - Magerrasen → Magerr.
  - Rasenflächen → Ra.
  - im Bergland → mont.

Die von Ellenberg *et al.* (1991) vorgenommene Einstufung des ökologischen Verhaltens von Gefäßpflanzen von 1 bis 9 wurde im vorliegenden Schlüssel für die Reaktion des Bodens (Boden-pH) übernommen und nach Floraweb.de (BfN, 2019) zitiert. Die Reaktionszahl 3 steht z.B. für »Säurezeiger, Schwergewicht auf sauren Böden, ausnahmsweise bis in den alkalischen Bereich«.

Reaktionszahl (RZ)
1 = Starksäurezeiger
2 = Starksäure- bis Säurezeiger
3 = Säurezeiger
4 = Säure- bis Mäßigsäurezeiger
5 = Mäßigsäurezeiger
6 = Mäßigsäure- bis Schwachbasenzeiger
7 = Schwachbasenzeiger
8 = Schwachbasen- bis Basen-/Kalkzeiger
9 = Basen-/Kalkzeiger
x = indifferent
kA = keine Angaben

In der vorliegenden, überarbeiteten Ausgabe werden zusätzlich noch Nutzungswertzahlen nach Briemle & Ellenberg (1994) bzw. Briemle *et al.* (2002) für die Merkmale Mahdverträglichkeit (M) und Weideverträglichkeit (W) eingeführt. Sie geben Hinweise auf die Toleranz gegenüber mechanischen Einflüssen (Schnitt oder Fraß) und auch auf die Verträglichkeit der Pflanzen gegenüber Beweidung. Im Falle der wenigen bei Briemle *et al.* (2002) fehlenden Nutzungswertzahlen (etwa 15 Arten), wurde eine eigene Einschätzung gemäß der damaligen Vorgehensweise von Briemle für die Bewertung vorgenommen.

1.3 Pflanzengesellschaften und Futterwert

In Klammern sind jeweils die Kennbuchstaben der Pflanzengesellschaften, in denen die jeweilige Art mit hoher Stetigkeit vorkommt, angeführt (Seite 25–44). Die Gliederung der Vegetationseinheiten folgt in den Grundzügen der Zusammenstellung von Tüxen und Preising (1951) mit einigen Abweichungen, die sich aus verstärkter Berücksichtigung der Bewirtschaftung, d. h. Nutzung und Düngung, ergeben. Zwischen folgenden Einheiten wird unterschieden:

- Ödlandrasen
  - Trockenrasen → (A)
    - Kalktrockenrasen → (A a)
    - Sandtrockenrasen → (A b)
  - Borstgrasrasen und Heiden → (B)
  - Kleinseggenwiesen → (C)
  - Großseggenrieder → (D)
- Trittrasen und Nassweiden
  - Trittrasen → (E)
  - Nassweiden → (F)
- Wirtschaftsgrünland
  - Glatthaferwiesen → (G)
  - Goldhaferwiesen → (H)
  - Weißkleeweiden → (I)
    - Weidelgrasweiden → (I a)
    - Rotschwingelweiden → (I b)
  - Dotterblumenwiesen → (J)
  - Pfeifengraswiesen → (K)

Die Kennzeichnung des Futterwertes einzelner Gräser erfolgt nach den Wertzahlen von Klapp *et al.* (1953) mit Abweichungen nach Opitz von Boberfeld (1994) für die Quecke (*Elymus repens*), Gemeine Rispe (*Poa trivialis*) und den Goldhafer (*Trisetum flavescens*). Da die Quecke und die Gemeine Rispe vor allem bei hohen Massenanteilen im fortgeschrittenen Entwicklungsstadium bei der Nutzung große Schwierigkeiten bereiten und der Goldhafer auf basenreichen Standorten zur Weidecalcinose führt, sind diese Arten mit der Futterwertzahl 4 bewertet. Das von Klapp *et al.* (1953) beschriebene System der Wertzahlen wird in dieser Ausgabe und ebenso im Kräuterbestimmungsschlüssel in Futterwertzahlen (FW) umbenannt. Die jeweilige Einstufung wurde auch bei dieser Ausgabe beibehalten, weil es im Gegensatz zur Weiterentwicklung nach Briemle (1997) mit negativen Futterwerten für Giftpflanzen arbeitet und daher die für die landwirtschaftliche Verwendung als Futter eindeutig ungünstigen Eigenschaften durch negative Werte markanter herausstellt. Zudem werden für die Bildung von Durchschnittswerten die Futterwerte nach den Prozentzahlen der einzelnen Arten gewichtet; die ökologischen Wertzahlen werden dagegen ungewichtet verwendet.

Bei der Beurteilung über Wertzahlen bleiben das Alter und der Massenanteil weitgehend unberücksichtigt. Als Basis für diese Einstufung dienen die Merkmale Ertragsleistung, Futterqualität, Ausdauer und ökologische Amplitude. Nach dieser Skala ergibt sich folgende Abstufung:

Futterwertzahlen (FW)
- Höchster Wert → FW 8
- Wertlos und nicht aufgenommen → FW 0
- Giftig und gesundheitsschädlich → FW –1

Die vorliegende Ausgabe wird gegenüber den Vorgängerversionen um zwei weitere für die Bewirtschaftung relevante Wertzahlen ergänzt. Die Mahdverträglichkeitszahl (nach Briemle & Ellenberg, 1994) ist ein Maß für die von den Gräsern tolerierte Entblätterungshäufigkeit und geht von 1 = erträgt nur sehr wenige Schnitte bis 9 = Gras erträgt viele Schnitte und ist daher auch für Rasenflächen geeignet. Die zweite neu eingeführte Wertzahl bezieht sich auf die Weideverträglichkeit (Briemle *et al.*, 2002). Sie zeigt im Rahmen zwischen 1 und 9 liegend die Trittverträglichkeit und auch die Verträglichkeit der Pflanzen gegenüber der Entblätterung an. Weideverträglichkeitszahlen zwischen 7 und 9 weisen u. a. demnach Pflanzen auf, die schnell wieder austreiben, kaum vom Viehmaul erfasst werden (niederer Wuchs), nicht auf eine jährliche generative Vermehrung angewiesen sind, durch Tritt wenig Schaden erleiden (derbes Blatt) oder beim Weiden wegen Dornen, Haaren oder Geschmack gemieden werden.

M = Mahdverträglichkeitszahl
- Höchster Wert (Pflanze erträgt häufige Nutzung) → M 9
- Gut schnittverträglich (3–4 Schnitte möglich) → M 7
- Mäßig schnittverträglich (1. Schnitt nicht vor Anfang Juli) → M 5
- Pflanzen sind schnittempfindlich (nur Herbstschnitt) → M 3
- Pflanze erträgt keinen Schnitt → M 1

W = Weideverträglichkeitszahl
- Pflanzen sind überaus weideverträglich und ertragen mehrmaliges vollständiges Abfressen → W 9
- Gut weideverträglich → W 7
- Mäßig weideverträglich → W 5
- Weideempfindlich → W 3
- Pflanze ist völlig weideunverträglich → W 1

1.4 Nomenklatur

Als Basis für die benutzten botanischen Namen dienen folgende Arbeiten:

- BfN, 2018: Rote Liste gefährdeter Tiere, Pflanzen und Pilze Deutschlands, Band 7: Pflanzen. Herausgeber Bundesamt für Naturschutz (BfN), Bonn.
- BfN, 2019: FloraWeb.de. Herausgegeben vom Bundesamt für Naturschutz (BfN), Bonn.
- Buttler, K.-P., Thieme, M. & Mitarbeiter, 2018: Florenliste von Deutschland – Gefäßpflanzen, Version 10. Frankfurt am Main, veröffentlicht im Internet unter http://www.kp-buttler.de.

Die Entwicklung der jüngsten Vergangenheit für diesen Sektor zeigt, dass Fortschritte in den Erkenntnissen über die Entwicklungsgeschichte sowie zeitbedingte Anschauungen auch weiterhin veränderte Bezeichnungen zur Folge haben werden, eine für den praktisch Arbeitenden wünschenswerte, absolute Beständigkeit damit nicht zu erwarten ist. Zu Synonyma wird auf die Rote Liste (BfN, 2018) verwiesen.

2 Spezielle Merkmale

Ährchen = Teilblütenstand, von Hüllspelzen (Glumae) eingehüllt, Abb. V, b–e

Ähre = Unverzweigter Blütenstand mit ungestielten Ährchen, Abb. IV, a, b

Ährenachse, Ährenspindel = Halmfortsetzung im Blütenstand

Äste = Zweige von Blütenständen, z. B. Abb. IV, e–g

Auricula s. Blattgrund

Ausläufer = grundständige oberirdische (Stolonen, Abb. 41 a) oder unterirdische (Rhizome, Abb. 12), meist an den Knoten bewurzelte Triebe

Behaarung, borstig, mit steifen Haaren, Abb. 7
kammförmig, Haare in ± regelmäßigen Abständen, Abb. 8
samtartig, sehr dicht kurzhaarig, Abb. 33
Wimpern, lange Einzelhaare, Abb. 26
Zotten, dicke, weiche, getrennt stehende Haare

Blattform, lanzettlich, spitz zulaufend, in der Mitte breiter als am Grunde (Abb. I, e); lineal, überall ± gleich breit, Abb. I, d

Blattgrund, Übergang von der Blattscheide in die Blattspreite, Abb. I, h_3. Öhrchen (Auricula), Zahnfortsätze, Abb. II, f

Blatthäutchen (Ligula), Scheidenfortsatz am Blattgrund, Abb. I, h_4

Blattoberfläche, Doppelrinne, Doppelrille, Abb. III, d; gerieft, gerillt, Riefen, Rillen*), Abb. III a, b; Mittelrinne, Abb. 10

Blattscheide (Vagina), am Triebknoten ansetzende Triebhülle, meist mit Blatthäutchen in die Blattspreite übergehend, Abb. I, h_2, entweder geschlossen (Ränder miteinander verwachsen, Abb. I, g) oder ± offen, Abb. I, a_3. Querschnitt der Scheide je nach der Knospenlage und Kielung des umschlossenen Blattes ± kreisförmig od. ± plattgedrückt bis schmal kantig. Abb. I, b_3. Queradern, Querverbindungen, Abb. 11, 12

Blattspreite, freier Teil des Blattes, durch den Blattgrund und meist durch ein Blatthäutchen von der Blattscheide abgesetzt, Abb. I, a_2, b_2

Blüte, besteht aus Staubblättern mit Staubbeuteln (Antheren), Abb. V, a_3, Fruchtknoten mit Narben, Abb. V, $a_{4,6}$,

*) Die Bezeichnungen »gerieft«, »Riefen« bedeuten genau genommen »gefurcht«, »Furchen«, haben sich aber für das Gegenteil (etwa »gerippt«, »Rippen«) eingebürgert, weshalb es dabei bleiben mag.

Schwellkörpern (Lodiculae), Abb. V, a_5, alles eingehüllt in die

Blütenspelzen,
a) Deckspelze (Palea inferior), oft mit Granne, Abb. V, b_1
b) Vorspelze (Palea superior), Abb. V, b_2

Blütenstand s. Ähre, Scheinähre, Traube, Doppeltraube, Rispe

Bodenblätter s. Grundblätter

Borsten s. Behaarung

Bülten, erhabene, dichte Horste

Deckspelze, Abb. V, a_1

Doppelrille, Doppelrinne, Abb. III, d

Doppeltraube, ± lockerer Blütenstand mit einmal verzweigten Ästen, Abb. IV, f

Einseitswendig, Blütenstand m. fahnenartig nach einer Seite gerichteten Ährchen, Abb. A

Fruchtknoten, Abb. V, a_4

Gefaltet s. Knospenlage

Gekielt s. Kiel

Gerieft s. Blattoberfläche

Gerollt s. Knospenlage

Granne, Abb. V, f–i

Grundblätter, Bodenblätter, Unterblätter = bodennahe Blätter der Kurztriebe

Haare s. Behaarung

Haarkranz, vereinzelt anstelle des Blatthäutchens auftretend, Abb. 6, 25

Halme, durch Knoten und Internodien gegliedert, meist blütentragend, selten verzweigt; bei einigen Arten auch blütenlose Halme

Halmblätter, Oberblätter = bodenferne Blätter

Horstgräser, Arten mit dichtstehenden Trieben in begrenzten Horsten

Hüllspelzen s. Ährchen

Internodien, Triebglieder zwischen 2 Knoten

Kahnspitze, kahn- oder löffelartig geformte, nicht in einer Ebene liegende, beim Glattstreichen oft aufreißende Blattspitze, Abb. I d

kammförmig s. Behaarung

Kiel, ± erhabene Mittelrippe der Blattunterseite, Abb. III, d, 39

Knospenlage, Stellung der jungen Blattspreite (s. auch Blattscheide), gefaltet Abb. I, b_3, gerollt, Abb. I, a_3

Knoten, Verdickung der Blattscheide an jedem Halmabschnitt, Abb. I, h_1

Kopf, kurzer, dichter, rundlicher Blütenstand (meist Scheinähre), Abb. J (S. 48)

Kriechtriebe s. Ausläufer

Kurztriebe, hier Blatttriebe ohne Halmglieder, aus grundständigen Knoten entspringend

Langtriebe, halmartige Triebe ohne Blütenstand

lanzettlich s. Blattform

Legehalme, niederliegende, aber an den Knoten nicht bewurzelte Langtriebe

Ligula s. Blatthäutchen

lineal s. Blattform

Lodiculae s. Blüte

Mittelrinne s. Blattoberfläche

Narbe s. Blüte

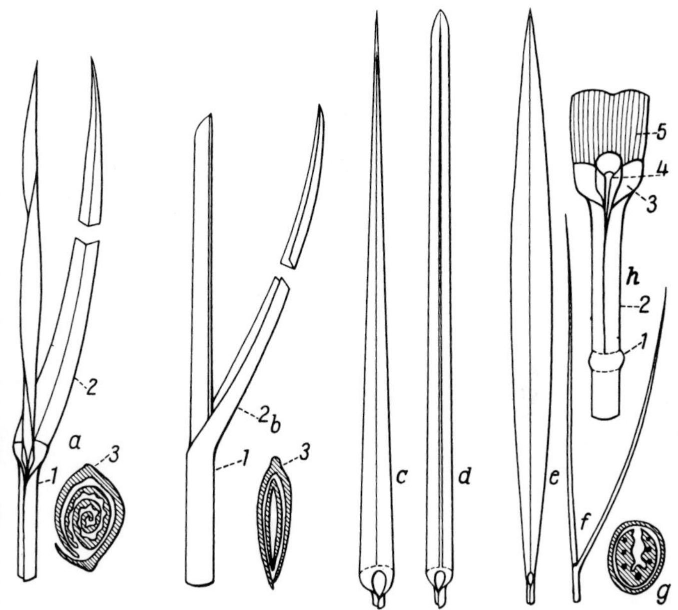

Abb. I **a_1–a_3** Gerollte Knospenlage: **a_1** Blattscheide **a_2** Blattspreite **a_3** Triebquerschnitt, Scheide offen **b_1–b_3** Gefaltete Knospenlage, 1–3 wie bei a_1–a_3, **c** Blatt allmählich zugespitzt (spitz zulaufend) **d** Blatt lineal, überall gleich breit, mit Kahnspitze **e** Blatt lanzettlich, in der Mitte breiter als am Grunde **f** Blatt borstenartig schmal **g** Querschnitt eines borstlichen Triebes, Scheide geschlossen **h_1** Blattknoten **h_2** Blattscheide **h_3** Blattgrund **h_4** Blatthäutchen **h_5** Blattspreite

Nerven, namentlich in der Durchsicht erkennbare, dem Blattrand parallele Gewebestreifen; an manchen Arten in Scheide und Spreite durch Queradern (Querverbindungen, Abb. 11, 12) ergänzt

Oberblätter s. Halmblätter

Öhrchen s. Blattgrund

Queradern, Querverbindungen s. Nerven

Rasengräser, rasenwüchsige Gräser, im Gegensatz zu Horstgräsern sich locker- oder dichtrasig ausbreitend (meist Ausläufergräser)

Rhizome s. Ausläufer

Riefen, Rillen s. Blattoberfläche

Rispe, ± lockerer Blütenstand mit mehrfach verzweigten Ästen, Abb. IV, g

Scheinähre, dichte ährenähnliche Blütenstände, mit im Gegensatz zur Ähre ± deutlich gestielten, oft in Gruppen stehenden Ährchen, Abb. IV, c, d

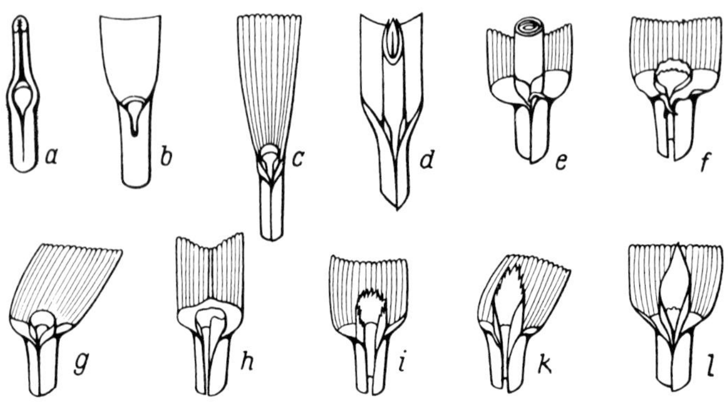

Abb. II Blattgrund und Blatthäutchen
a, b Blattgrund undeutlich, Blatthäutchen verdeckt, undeutlich oder fehlend **c** Blattspreite am Grunde verschmälert, Blattgrund schmal, Blatthäutchen kurz, kragenförmig **d** Blattgrund zusammengezogen **e, f** Blattgrund deutlich abgesetzt, mit Zahnfortsätzen (»Öhrchen«) **g** Blatthäutchen kragenförmig, glattrandig **h** Blatthäutchen vorn mit einem halbrunden Zahn **i, k** Blatthäutchen gezähnt **l** Blatthäutchen lang, spitz

Abb. III Blattoberfläche im Querschnitt
a stark und scharf gerieft **b** deutlich gerieft, Riefen gewölbt **c** schwach (undeutlich) gerieft **d** ungerieft, mit Doppelrille

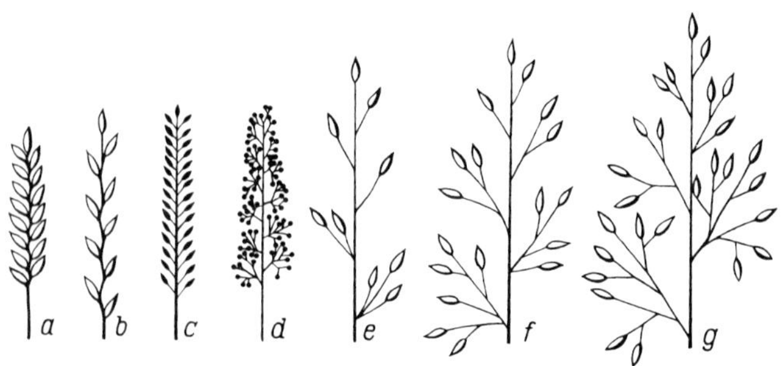

Abb. IV Blütenstände
a geschlossene Ähre **b** lockere Ähre **c** traubige Scheinähre **d** rispige Scheinähre **e** Traube **f** Doppeltraube **g** Rispe

Spelzen s. Blütenspelzen, Ährchen

Staubbeutel (Staubblätter) s. Blüte

Stolonen s. Ausläufer

Traube, ± lockerer Blütenstand mit unverzweigten Ästen, Abb. IV, e

Unterblätter s. Grundblätter

Vagina s. Blattscheide

Vorspelze s. Blüte

Wimpern s. Behaarung

Zahnfortsätze s. Blattgrund

Zotten s. Behaarung

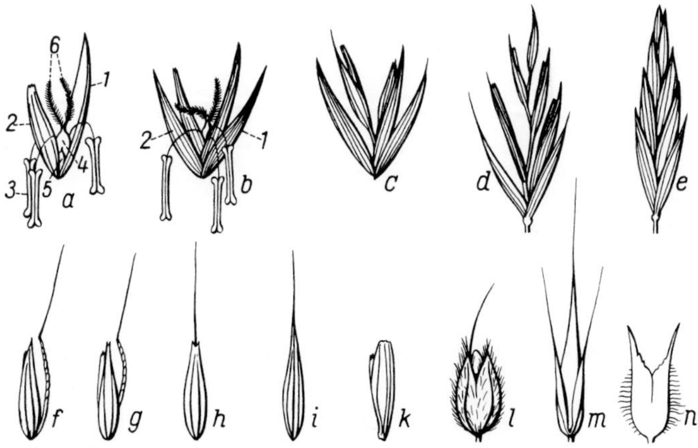

Abb. V Blüten und Ährchen

a$_1$–a$_6$ Grasblüte: **a$_1$** Deckspelze **a$_2$** Vorspelze **a$_3$** Staubbeutel **a$_4$** Fruchtknoten **a$_5$** Schwellkörper **a$_6$** Narbenäste **b** Einblütiges Ährchen: **b$_1$** und **b$_2$** Hüllspelzen **c** Zweiblütiges Ährchen **d, e** Mehrblütiges Ährchen, offen und geschlossen

Grannen und Spelzen

f Granne am Grunde der Deckspelze ansetzend, gedreht **g** Granne in der Mitte der Deckspelze ansetzend, gedreht **h** Granne in der (Doppel-)Spitze der Spelze eingesetzt **i** Spelze in die Granne auslaufend **k** Spelze stumpf, unbegrannt **l** Ährchen des Wiesenfuchsschwanzes **m** einer Gerste **n** des Wiesenlieschgrases

3 Sauergräser und Grasartige

3.1 Nicht blühender Zustand

3.1.1 Sauergräser

Hierbei handelt es sich um Gräser, bei denen sich Halm und Blatt unterscheiden lassen, wenngleich häufig borstenartig schmale Blätter vorhanden sind. Nachfolgend sind die Besonderheiten von Blattstellung, Triebquerschnitt und Blatt geordnet nach Süß- *(Poaceae)* und Sauergräsern *(Cyperaceae)* aufgelistet.

Merkmal	Süßgräser	Sauergräser
Blatt-stellung	**zweizeilig** (= Blätter gehen nach zwei Seiten ab)	**dreizeilig** (= Blätter gehen nach drei Seiten ab)
Trieb-querschnitt	**rund bis platt**, vgl. Abb. I, nie ein Dreieck bildend	stets **ein Dreieck bildend,** vgl. Abb. VIa_3,
Blatt	**flach** oder **gerollt** oder **einfach gefaltet**, vgl. Abb. III	meist **doppelt gefaltet**, vgl. Abb. VIa_2

3.1.2 Binsengewächse

Bei den Vertretern der Binsengewächse *(Juncaceae)* haben die Gattungen Binsen *(Juncus* spec.) und Hainsimsen *(Luzula* spec.) ein grasartiges Aussehen. Während die Ähnlichkeit von Süßgräsern und **Binsen** gering ist, gleichen sich Süßgräser und Hainsimsen eher. Binsen haben statt eigentlicher Blätter markige, hohle oder mit Querwänden versehene halmähnliche, pfriemliche Gebilde ohne deutliche Knoten, vgl. Abb. VII. Die röhrigen Binsenblätter gleichen denen der zu den Liliengewächsen *(Liliaceae)* zählenden Laucharten *(Allium* spec.); ihnen fehlt jedoch der zwiebelähnliche, durch Lauchöle (= Disulfide) ausgelöste Geruch. **Hainsimsen** haben grasähnliche, flache oder schwach rinnige Blätter. Im Gegensatz zu Süßgräsern sind hier die Blätter angeschmiegt, lang – bis zu 2 cm Länge –, vgl. Abb. VIIi. Auf Grünland und Rasen sind nur wenige

Hainsimsen-Arten verbreitet, der häufigste Vertreter ist die Gemeine Hainsimse *(Luzula campestris)*, die bereits früh blüht und sich markant von den Süßgräsern unterscheidet, vgl. Abb. $VIIi_1$.

Darüber hinaus können in noch frühen Entwicklungsstadien, also im blütenlosen Zustand, Kräuter mit langen, schmalen, längsnervigen, ganzrandigen Blättern dem noch Lernenden u. U. ein Gras vortäuschen; als Beispiel hierfür sei der auf trockenen bis wechselfeuchten Wiesen verbreitete, Milchsaft führende Korbblütler *(Asteraceae)* Wiesenbocksbart *(Tragopogon pratensis)* benannt.

3.2 Blühender Zustand

3.2.1 Sauergräser

Zur Unterscheidung von Süß- *(Poaceae)* und Sauergräsern *(Cyperaceae)* lassen sich die Unterschiede in Blütenhülle, Tragfäden der Staubbeutel und Blütenhalm benutzen; nachfolgend sind die Abweichungen aufgelistet:

Merkmal	Süßgräser	Sauergräser
Blütenhülle	**2-blättrig** (ganz selten Ausnahmen), d.h. eine derbe kahnförmige Deck- und eine zartere Vorspelze je Blütchen, vgl. Abb. V	**1-blättrig**, d.h. nur eine kahnförmige Spelze je Blütchen, vgl. Abb. VIb_2c_2
Staubbeutel	Tragfaden in **Mitte ansetzend**; Enden tief eingekerbt	Tragfaden am **Anfang ansetzend**; Enden rundlich
Blütenhalm	**rund**, hohl, durch Knoten gegliedert, vgl. Abb. I	**dreikantig** oder tiefrinnig, Kanten häufig abgerundet und meist markerfüllt, vgl. Abb. VIa_3, fast nie durch Knoten gegliedert

3.2.2 Binsengewächse

Binsengewächse *(Juncaceae)*, Binsen *(Juncus* spec.) und Hainsimsen *(Luzula* spec.), zeichnen sich durch eine 6-blättrige Blütenhülle aus, d.h. je Blütchen sind 6 gelblich-bräunliche, braune, grüne oder trockenhäutige Spelzen vorhanden, vgl. Abb. VIId$_2$e$_2$i$_2$. Süßgräser haben eine 2-blättrige Blütenhülle (Deck- und Vorspelze) und 3 Staubblätter je Blütchen, vgl. Abb. V.

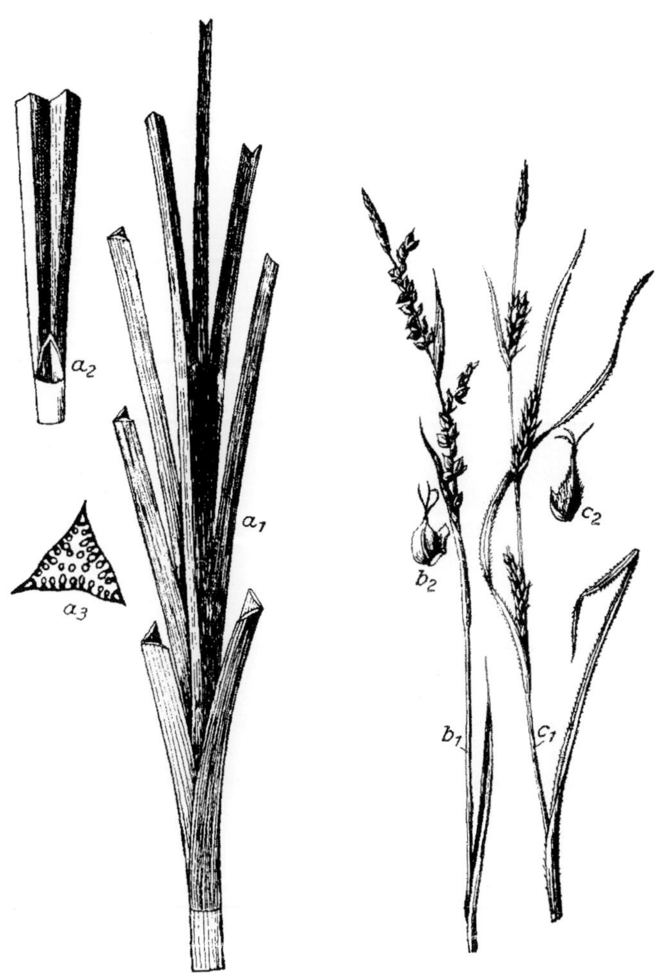

Abb. VI Sauergräser *(Cyperaceae)*
a_1 Trieb der Waldsimse *(Scirpus sylvaticus)* mit dreizeiliger Blattstellung, a_2 Blattgrund, Doppelfaltung, a_3 dreikantiger markiger Halm (Querschnitt), b_1 Hirsensegge *(Carex panicea)* mit Frucht b_2, c_1 Haarige Segge *(Carex hirta)* mit Frucht c_2

Abb. VII Binsengewächse *(Juncaceae)*
d_1 Flatterbinse *(Juncus effusus)* mit Blüte d_2, e_1 Zarte Binse *(Juncus tenuis)* mit Blüte e_2, f, g Querschnitte von Binsenblättern, h Längsschnitt Blaugrüne Binse *(Juncus inflexus)*, i_1 Gemeine Hainsimse *(Luzula campestris)* mit Blüte i_2

4 Bestimmungsschlüssel

4.1 Nicht blühender Zustand

4.1.1 Blätter borstenartig

1. Spreiten nicht entfaltbar, nur mit Längsrinnen, 0,2–1,0 mm dick; Querschnitt rundlich oder mehrkantig; Horstgräser. . **2**

1a. Spreiten (wenn auch z. T. mühsam) entfaltbar, dann 1–2 (3) mm breit; Querschnitt etwa V-förmig; meist mit Ausläufern **5**

2. Stark verdickte, harte, glänzend weißlich-strohfarbige Grundblattscheiden bilden einen brettartig festen Horst; Wurzeln schnurartig dick. Spreite sehr zäh, rau, graugrün, mit deutlichem, oft im Blattgrund verstecktem Blatthäutchen. Selt. fri.-(wechself.-) feu. Ödld.-Weid. (B, Ib) RL V, RZ 2, FW 2, M 3, W 5, als gefährdete Art in der roten Liste enthalten!

(1) Borstgras *Nardus stricta* L.

2a. Untere Scheiden nicht auffallend verdickt und hart; rundliche Horste oder Rasen, Wurzeln dünnfaserig **3**

3. Blatthäutchen deutlich erkennbar, 0,5–2,5 mm lang, stumpf oder zweilappig; Spreite geschmeidig, fast fettig anzufühlen, Grundblattscheiden meist rötlich; lockere Rasen. Selt. fri. Ödld. (B) , Waldzeuge, RZ 2, FW 3, M 3, W 4.

(2) Drahtschmiele *Deschampsia flexuosa* (L). Trin.

3a. Ohne deutlich hervortretendes Blatthäutchen (Lupe! Scheidenrand beiderseits des eingeschlossenen Triebes in halbrunde Lappen hochgezogen), dichthorstig **4**

4. Spreite von rund- bis langelliptischem Querschnitt (meist weniger als 0,6 mm dick), selten länger als 10–12 cm, Scheide offen, (bräunlich-)gelb, lange erhalten bleibend. Zstr. tr. RZ 2 Magerr., Ödld., seltener tr. Ra. (A, B, Ib) RZ x, FW 3, M 7, W 4.

(3) Schafschwingel (Sammelart) *Festuca ovina* L.

4a. Spreite im Querschnitt deutlich mehrkantig, gekielt, meist dicker als 0,6 mm, oft sehr lang; Scheide geschlossen, aber früh zerfasernd, rötlich gelb, hfg. tr. bis wechself. Magerr., hfg. Ra., bes. mont. (B, Ib, H, K, C), RZ kA, FW 4, M 7, W 4.

(4) Horstrotschwingel *Festuca rubra* L., ssp. *commutata* Gaud.

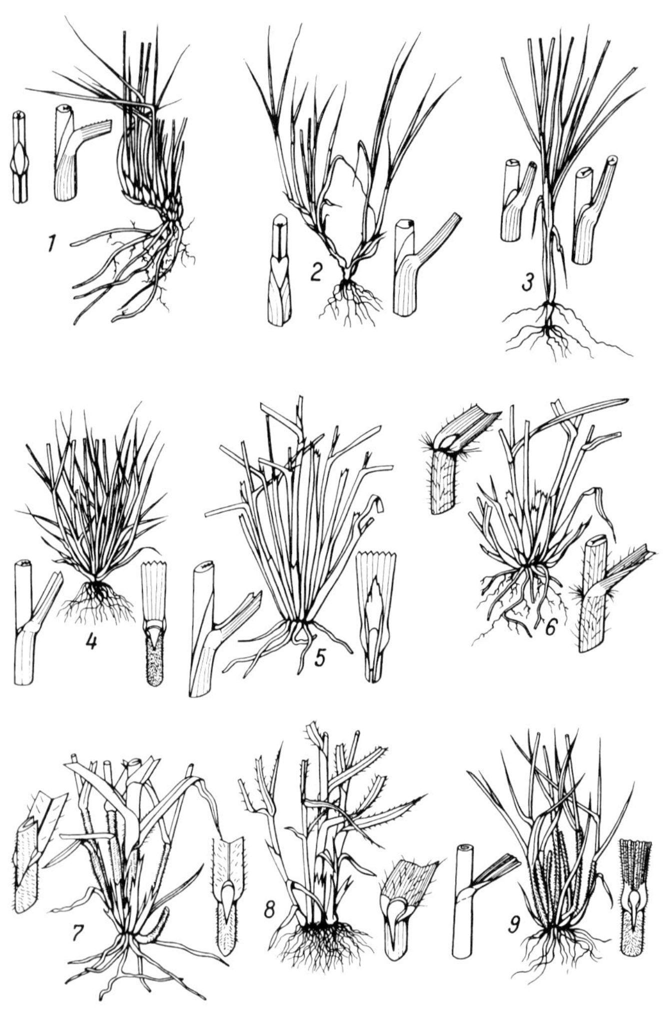

1 Borstgras *(Nardus stricta)* **2** Drahtschmiele *(Deschampsia flexuosa)* **3** Schafschwingel *(Festuca ovina)* **4** Horstrotschwingel *(Festuca rubra commutata)* **5** Rasenschmiele *(Deschampsia cespitosa)* **6** Dreizahn *(Danthonia decumbens)* **7** Flaumhafer *(Helictotrichon pubescens)* **8** Aufrechte Trespe *(Bromus erectus)* **9** Kammschmiele *(Koeleria pyramidata)*

5. Spreite schlaff bis weich, Blatthäutchen deutlich erkennbar, weiß, spitz; meist mit oberirdischen Ausläufern **6**

5a. Spreite straff bis starr, Blatthäutchen fehlend oder doch kurz, gestutzt; Horste oder mit unterirdischen Ausläufern . . . 7

6. Spreite graugrün, matt, deutlich gerieft; Triebquerschnitt rundlich; Ausläufer meist mit dichten Blattbüscheln an den Knoten
s. (16) S. 32 Hundsstraußgras *Agrostis canina* L.

6a. Spreiten lebhaft grün (diejenigen der Grundblätter oft bräunlich oder violett), unterseits stark glänzend, oberseits außer einer feinen Doppelrille ungerieft; Triebe stark plattgedrückt
s. (22) S. 35 Gemeine Rispe *Poa trivialis* L.

7. Kleine, blattarme Horste mit hellgelbgrauen Scheidenresten am Grunde; Spreite fast stechend steif und starr, bläulich- bis graugrün, mit Doppelrille und Kahnspitze, am Rand und auf der Mittelriefe sehr rau
s. (18) S. 32 Trifthafer *Helictotrichon pratense* (L.) Besser

7a. Mit unterirdischen Ausläufern Rasen bildend, Spreiten straff, aber nicht starr, nicht besonders rau, hell- bis dunkelgrün. . **8**

8. Spreite beim Auffalten mit 3–7 starken Riefen, lang zugespitzt; ohne deutliches Blatthäutchen (kleine Lappen beiderseits des Triebes meist vorhanden)
s. (17) S. 32 Ausläufer-(Kriechender) Rotschwingel *Festuca rubra* L. ssp. *rubra* (L.) (Hierhin auch selten: **(4)** Horstrotschwingel)

8a. Spreite beim Auffalten nur mit Doppelrille, parallelkantig mit stumpfer Kahnspitze; Blatthäutchen kurz, meist grünlich
s. (21) S. 35 Wiesenrispe *Poa pratensis* L., hier ssp. *angustifolia* (L.) Gaud.

Nicht blühend

Jüngstes Blatt gefaltet

4.1.2 Blätter nicht borstenartig

4.1.2.1 Jüngstes Blatt gefaltet

(Achtung! Maßgebend sind die jüngsten, innersten Blätter von Blatttrieben! Herumgreifen von Blattsäumen und Blattscheiden sowie eingeschlossene Halmtriebe können bei Arten ohne scharfen Blattkiel den Triebquerschnitt rundlich gestalten und eine gerollte Knospenlage vortäuschen. Notfalls Querschnitt mit Rasierklinge und Lupe nachprüfen!)

1. Spreite oberseits mit 5–7 schneidend scharfen Riefen (Kieselzähne!), unterseits glatt, ungekielt; Rillen in der Durchsicht fast rein weiß. Blatthäutchen derb, lang, schmal, durchsichtighäutig bis schmutzigweiß. Erhabene, unter dem Fuß federnde Horste (»Bülten«), Wurzeln drahtartig dick. Hfg. (wechself.-) feu. Grünld., bes. Wies. (K, J, F, D) RZ x, FW 3, M 5, W 7
(5) Rasenschmiele *Deschampsia cespitosa* (L.) P. Beauv.

1a. Riefen der Spreite nicht schneidend scharf **2**

2. Anstelle des Blatthäutchens ein Kranz kurzer Haare, durch längere Wimpern vom Scheidenmund (fast ausnahmslos) bis auf die Rückseite der Scheide fortgesetzt, auch Scheiden- und Spreitenrand meist spärlich bewimpert. Spreite mit Doppelrille, an der Spitze rau, Blattgrund unterseits meist mit Queradern. Kleine, meist liegende Horste. Selt. tr.-fri. Magerr., Ödld. (B, I, H) RL V, RZ 3, FW 2, M 4, W 4, als gefährdete Art in der Roten Liste enthalten!
(6) Dreizahn *Danthonia decumbens* (L.) DC.

2a. Kein Haarkranz anstelle des Blatthäutchens (dieses sehr kurz bis lang), auch kein auf die Rückseite der Scheide fortgesetzter Wimpernkranz **3**

3. Triebe wenigstens an der Scheide oder am Spreitenrand deutlich behaart oder bewimpert, Haare länger als 0,5 mm . . **4**

3a. Pflanzen ganz kahl oder fast unmerklich kurz u. dicht behaart **6**

4. Spreite lineal mit Doppelrille, sonst ungerieft, mit breiter Kahnspitze. Wenigstens die unteren Scheiden mit abstehenden oder zurückgeschlagenen Zottenhaaren, meist auch untere Spreiten ± behaart, bis 8 mm breit, früh vergilbend. Zstr. tr. bis recht fri. Wies., Magerr. (G, H, K, J) RZ x, FW 4, M 5, W 4
(7) Flaumhafer *Helictotrichon pubescens* (Huds.) Pilg.

4a. Spreite allmählich zugespitzt, schwach bis deutlich gerieft, ohne ausgesprochene Doppelrille oder ausgesprochen breite Kahnspitze **5**

5. Spreite am Grunde am breitesten, gleichmäßig zugespitzt (nur junge Blätter mit schmaler Kahnspitze), am Rande in regelmäßigen Abständen steif kammförmig bewimpert, oberseits schwach, aber regelmäßig gerieft (Riefen zuweilen durch Härchen verdeckt). Zstr. s. tr. Wies., Magerr. (A, G) RZ 8, FW 5, M 5, W 4
(8) Aufrechte Trespe *Bromus erectus* Huds.

5a. Spreite gegen den etwas verdickten, rinningen Grund hin stark verschmälert, lang zugespitzt, häufig gefaltet bzw. eingerollt, am Rand ohne kammförmige Bewimperung, oberseits stark gerieft mit sehr verschieden hohen und breiten Riefen. Behaarung stark wechselnd. Selt. (s.) tr. Magerr., Ödld. (A, Ib, G) RL V, RZ 7, FW 3, M 4, W 4, als gefährdete Art in der Roten Liste enthalten!
(9) Kammschmiele *Koeleria pyramidata* (Lam.) P. Beauv.

6. Spreite oberseits glatt, ohne Riefen und Doppelrille, nur mit tiefer Mittelrinne, unterseits stark gekielt, allmählich in eine feine (bei jungen Blättern etwas kahnförmige) raue Spitze verschmälert. Blatthäutchen lang, ± spitz, weißlich durchscheinend. Kräftige, plattgedrückte, scharf gekielte Triebe; derbe, nach dem Schnitt rasch nachschießende Horste. Vbtt. tr.-wechself. Grünld. (G, I, A) RZ x, FW 7, M 8, W 4
(10) Knaulgras *Dactylis glomerata* L.

6a. Spreite oberseits mit deutlichen Riefen oder nur mit Doppelrille oder mit beiden Merkmalen 7

7. Spreite ober- **und** unterseits ± deutlich gerieft, oberseits zudem mit Doppelrille, großenteils lineal, in eine schmale Kahnspitze verlaufend, schlaff, weich. In Scheide und Spreite reichlich Queradern; Scheiden zweischneidig plattgedrückt, rau. Junge Blatthäutchen länger als die Blattbreite, rundspitz bis dreieckig, später meist zerschlitzt. Zstr. feu. Wies., Überschw. (F, C) RZ x, FW 4, M 5, W 3
(11) Flutender Schwaden *Glyceria fluitans* (L.) R. Br.

7a. Spreite nur oberseits gerieft oder nur mit Doppelrille oder mit beidem, unterseits nicht oder schwach gerieft 8

8. Robuste Gräser mit lederig-derben, 6–20 mm breiten, ungerieften linealen Spreiten mit Doppelrille und Kahnspitze; Queradern in Scheide und Spreite (in dunklen Blättern z. T. schwer erkennbar) 9

8a. Spreiten selten breiter als 2–5 mm, mit Riefen oder Doppelrillen oder mit beidem; ohne Queradern in Scheide und Spreite 10

9. Rohrartiges Gras mit mäßig plattgedrückten Trieben und langen, dicken unterirdischen Ausläufern; Blatthäutchen meist höher als 3 mm, hinten mit einer hochgezogenen Spitze, häutig-durchsichtig bis weißlich. Queradern in Scheide und Spreite sehr reichlich und deutlich. Selt. Nasswies., Überschw. (F) RZ 8, FW 4, M 4, W 2
(12) Wasserschwaden *Glyceria maxima* (Hartm.) Holmb.

9a. Derbes, aber nicht rohrartiges Horstgras mit scharf zweischneidig plattgedrückten Trieben (höchstens ganz kurze Ausläufer), am Grunde mit strohigen Blattresten. Blatthäutchen sehr kurz gestutzt, ohne rückwärtige Spitze, grünlich-bräunlich. Queradern besonders in bräunlich-rötlichen Spreiten schwer zu erkennen. Selt. fri. Magerr., bes. mont. (H, Ib, B) RZ 3, FW 2, M 5, W 4
(13) Bergrispe *Poa chaixii* Vill.

10. Spreiten oberseits deutlich gerieft **11**
10a. Spreiten oberseits mit Doppelrille, sonst un- oder nur schwach gerieft **14**
11. Blattöhrchen bei jungen Blättern deutlich, später mindestens ein verbreiterter, halmumfassender Blattgrund. Untere Scheiden meist rotviolett. Spreite zur Hälfte lineal, dann allmählich in die Spitze verschmälert, deutlich und regelmäßig gerieft mit höherer Mittelriefe (daher Eindruck einer Doppelrille), unterseits auffallend stark glänzend. Blatthäutchen meist durchsichtig, unauffällig, kragenförmig gestutzt oder hinten am höchsten, Ränder nicht übereinander greifend, beim Abziehen der Spreite zusammenfallend. Vbtt. fri.-wechself. Weid., Trittr., Ra. (Ia, E) RZ 7, FW 8, M 8, W 8
(14) Deutsches Weidelgras *Lolium perenne* L.

11a. Ohne deutliche Blattöhrchen oder verbreiterten Blattgrund. Untere Scheiden nie kräftig rotviolett, höchstens braunrot oder rötlich gestreift **12**
12. Kleine blattarme, doch dichte Horste. Untere Scheiden gelblich gestreift bis gelbbraun, nie rötlich. Spreite vom Grund an allmählich zugespitzt, ziemlich regelmäßig gerieft mit angedeuteter Doppelrille, fast rechtwinklig vom Trieb abgehend, dann aufwärts gebogen. Blatthäutchen weißlich bis gelbgrün, hinten nicht höher als an den übereinander greifenden, oft in einen halbrunden Zahn hochgezogenen Rändern. Zstr. fri.-wechself. Grünld., selt. Ra. (I, H, C) Rz x, FW 6 M 7, W 7
(15) Kammgras *Cynosurus cristatus* L.

12a. Ausläufergräser; Spreiten unterseits matt **13**
13. Gras mit schlaffen, weichen, graugrünen, meist gerollt-gefalteten Spreiten und oberirdischen, an den Knoten mit feinen

Blattbüscheln besetzten Ausläufern, oft einen filzigen Rasen bildend. Blatthäutchen verhältnismäßig lang und schmal (2 bis über 4 mm lang). Spreite oberseits mit meist mehr als 7 halbrunden Riefen. Pflanze völlig kahl. Selt. nasse Ödld., Ra. (C, J) RZ 3, FW 3, M 6, W 3

(16) Hundsstraußgras *Agrostis canina* L.

13a. Gras mit straffen, dunkelgrünen, oft gefalteten, zuweilen sehr langen Spreiten und unterirdischen Ausläufern, ± lockere – nicht filzige – Rasen bildend. Blatthäutchen sehr kurz, gestutzt, grünlich. Spreite oberseits mit (3)5–7 im Querschnitt dreieckigen Riefen. Riefen und Scheiden oft äußerst kurz dichthaarig. Vbtt. fri. Grünld., hfg. Ra. (Ib, H, K, C, B) RZ kA, FW 5, M 9, W 7

(17) Ausläufer-(Kriechender)Rotschwingel *Festuca rubra* L. ssp. *rubra*

14. Spreiten lederig derb, meist ± zusammengefaltet, am Rande knorpelig bis sehr rau, gelb-, grau- oder bläulich-grün, oft bläulich bereift; mit strohigen Scheidenresten am Grunde . . **15**

14a. Spreiten weich bis straff, nicht lederig derb, hell- bis dunkelgrün, nicht bereift; höchstens Scheiden deutlich rau; etwaige Scheidenreste am Grunde früh zerfallend, nicht strohig-hart **16**

15. Spreite fast stechend steif, Rand schneidend rau, auch die Mittelriefe feinborstig-rau; Blatthäutchen sehr kurz, gerade abgeschnitten. Blattarme, kleine, dichte Horste, Scheiden offen. Zstr. tr. Ödld. (A, Ib) RL V, RZ kA, FW 2, M5, W 3, als gefährdete Art in der Roten Liste enthalten!

(18) Trifthafer *Helictotrichon pratense* (L.) Besser

15a. Spreite nicht stechend steif, meist säbelartig gebogen, Rand knorpelig und nur an der Blattspitze stärker rau; Blatthäutchen sehr kurz mit feiner Haarkrause (Lupe!). Lockere Horste und durch kurze Ausläufer rasenbildend; Scheiden meist geschlosssen. Selt. tr. Ödld. (Aa) RZ kA, FW 2, M 3, W 4

(19) Blaugras *Sesleria caerulea* (L.) ARD.

16. Kurzlebiges, niedriges, fast ständig blühendes Horstgras, am Grunde büschelig verzweigt, untere Scheiden weißlich. Spreite kurz, weich, schlaff, an jungen Trieben oft querrunzelig, fast lineal mit stumpfer, etwas kahnförmiger Spitze. Blatthäutchen lang, kragenförmig oder hinten spitzbogig erhöht, milchweiß Hfg. fri. Trittr., Weid., vbtt. Ra. (Ia, E) RZ 7, FW 5, M 9, W 9

(20a) Jährige Rispe *Poa annua* L.,
Sehr ähnlich:

(20b) Lägerrispe *Poa supina* Schrad.

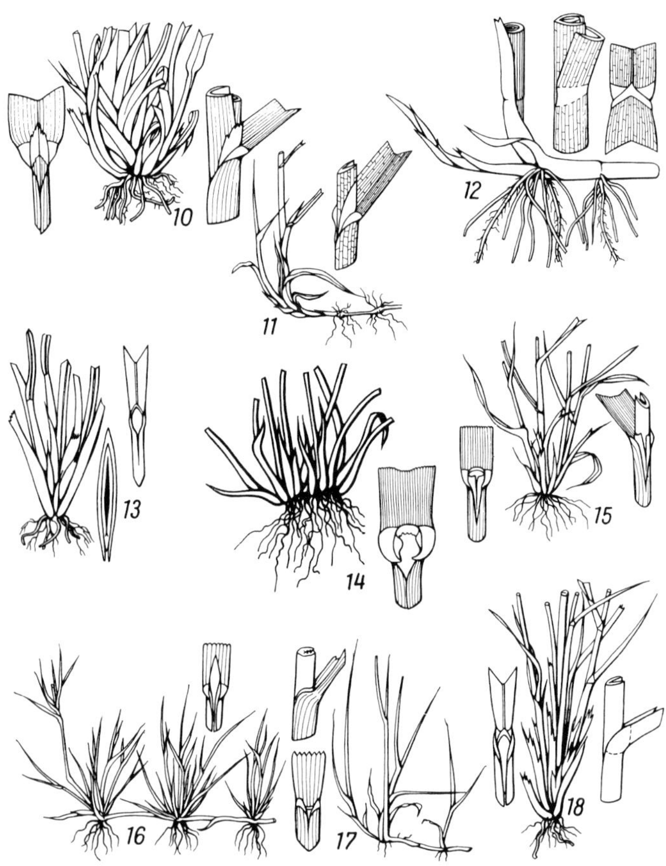

10 Knaulgras *(Dactylis glomerata)* **11** Flutender Schwaden *(Glyceria fluitans)* **12** Wasserschwaden *(Glyceria maxima)* **13** Bergrispe *(Poa chaixii)* **14** Deutsches Weidelgras *(Lolium perenne)* **15** Kammgras *(Cynosurus cristatus)* **16** Hundsstraußgras *(Agrostis canina)* **17** Ausläufer-Rotschwingel *(Festuca rubra rubra)* **18** Trifthafer *(Helictotrichon pratense)*

Dichtrasig, mit zahlreichen vegetativen Kriechtrieben, die an den unteren Knoten Wurzeln und Seitentriebe bilden können. Blatthäutchen kurz bis mittellang (0,3–1 mm). Selt. fri. stark belastete Ra., schattenverträgl., mont. Weid., Trittr. (E, Ia) RZ x, FW 5, M 5, W 4

16a. Mehrjährige, nicht ständig blühende Gräser, Spreite nicht querrunzelig **17**

Nicht blühend

Jüngstes Blatt gefaltet

17. Mit unterirdischen Ausläufern einen aus kleinen Horsten bestehenden Rasen bildend. Spreite lineal mit durchgehender Doppelrille und deutlicher, beim Glattstreichen meist aufspaltender Kahnspitze, etwas steif, glatt, entweder kurz und relativ breit oder schmal und lang, dann oft fast borstlich (s. S. 27), Blatthäutchen der Unterblätter sehr kurz, kragenförmig, weißlich oder grünlich. Untere Scheiden oft äußerst kurz dichthaarig, zuweilen auch Blattoberseite. Vbtt. tr.-(wechself.-) fri. Grünld., hfg. Ra. (I, G, H, J, A) RZ kA, FW 8, M 9, W 8

(21) Wiesenrispe *Poa pratensis* L.

17a. Mit oberirdischen Ausläufern oder horstwüchsig; Spreite nicht steif, nicht lineal, sondern allmählich in die nicht kahnförmige Spitze verlaufend, Doppelrille nach der Spitze hin undeutlich. Blatthäutchen kurz bis lang, hinten höher. Scheiden stets völlig kahl **18**

18. Mit oberirdischen, bewurzelten und verzweigten Ausläufern, diese besonders im Nachwuchs fein, mit sehr schmalen, oft bräunlich oder rötlich verfärbten oder bald verdorrenden, dumpf riechenden Blättern. Spreite unterseits stark glänzend; Blatthäutchen an Unterblättern kurz, hinten höher, an Oberblättern lang, spitz, weißlich oder durchsichtig-häutig. Scheiden aufwärts rau. Vbtt. fri.-feu. Grünld. (F, J, I, H, K, C) RZ x, FW 4, M 8, W 6

(22) Gemeine Rispe *Poa trivialis* L.

18a. Lockere Horste, zuweilen mit sterilen mehrknotigen Halmtrieben. Spreite unterseits matt, graugrün. Blatthäutchen fast so lang wie die Blattbreite, meist zungenförmig, weißlich. Scheiden glatt, untere oft schwach rötlich. Zstr. feu. Wies., Überschw. (J, F) RZ 8, FW 7, M 5, W 2

(23) Sumpfrispe *Poa palustris* L.

4.1.2.2. Jüngstes Blatt gerollt

(Achtung! Einige Gräser mit gefalteter Lage der jüngsten Blätter können eine gerollte Knospenlage vortäuschen, sei es durch Überlappen eines Blattsaumes oder des Scheidenrandes; besonders, wenn der Trieb schon Halmanlagen enthält. Dies gilt für

Rasenschmiele **5**	Aufrechte Trespe **8**
Kammschmiele **9**	Deutsches Weidelgras **14**
Kammgras **15**	Hundsstraußgras **16**

Im Zweifelsfall Querschnitt junger Triebe mit Rasierklinge und Lupe untersuchen. Maßgebend ist die Lage des innersten Blattes!)

1. Anstelle des Blatthäutchens ein durchgehender (bei älteren Blättern abbrechender) Haarkranz **2**

1a. Blatthäutchen vorhanden oder, wenn fehlend, Blattgrund völlig kahl **3**

2. Robustes rohrartiges Gras mit langen, dicken unterirdischen Ausläufern und 10–40 mm breiten Blättern. Spreite unter der Mitte am breitesten, scharf gegen den flachen, etwas schmaleren Grund abgesetzt, in eine grannenartig schmale Spitze verlaufend. Scheiden mit zahlreichen Queradern, Rand in der Jugend ± bewimpert. Zstr. feu. Wies., Ufer, Überschw. (J, K) RZ kA, FW 2, M 3, W 3

(24) Schilfrohr *Phragmites australis* (Cav.) Trin. ex Steud.

2a. Horstgras mit harten Stoppeln, unten zwiebelartig verdickten Trieben und dicken strähnigen Wurzeln. Spreiten 3–10 mm breit, in der Mitte am breitesten, in einen schmalen, rinnigen Grund verlaufend; auch ihre Spitze etwas rinnig. Untere Scheiden am Rand meist blassviolett, oft mit Queradern. Hfg. wechself.-staunass Wies. (K, C, B, J) RZ kA, FW 2, M 3, W 3

(25) Pfeifengras *Molinia caerulea* (L.) Moench

3. Am triebumfassenden, zuweilen öhrchenartigen und meist bräunlich roten Blattgrund auffällige, meist seitlich aufstrebende Haarbüschel. Spreiten beim Reiben mit Kumarin-(Waldmeister-)Geruch, frische Wurzeln mit Stallgeruch. Blatthäutchen verschieden lang, durchsichtig oder bräunlich bis braunviolett; kleine blattarme Horste. Selt. fri.-feu. Grünld., Ödld. (H, Ib, B, K, C) RZ 5, FW 4, M 7, W 5

(26) Ruchgras *Anthoxanthum odoratum* L.

3a. Blattgrund ohne auffallende Haarbüschel; ohne Cumaringeruch **4**

4. Grund junger Spreiten mit deutlichen ± triebumfassenden Öhrchen (an älteren Blättern undeutlich oder verdorrend) . . **5**

4a. Blattgrund nicht öhrchenartig **9**

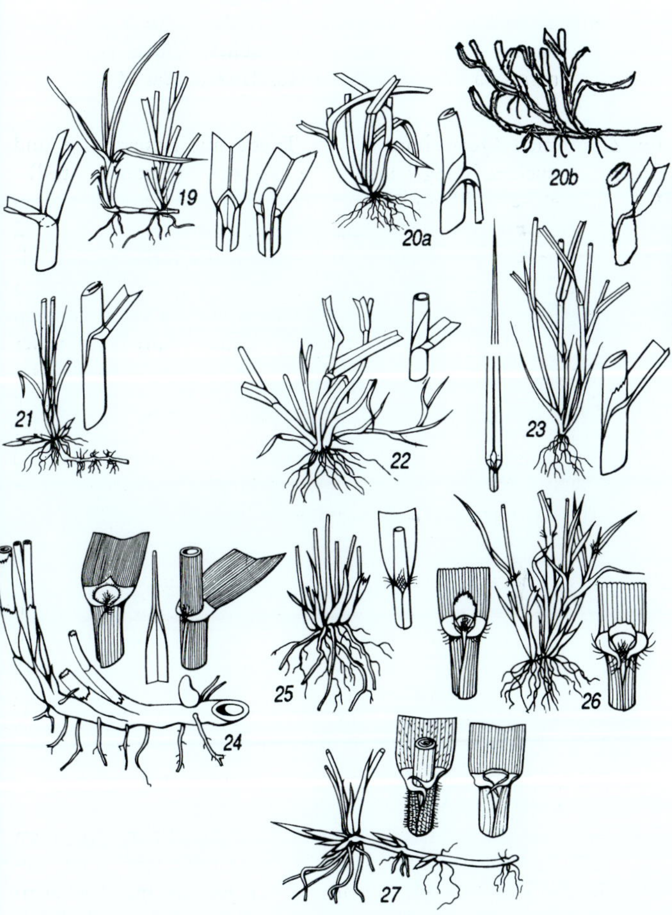

Nicht blühend

Jüngstes Blatt gerollt

19 Blaugras *(Sesleria albicans)* **20a** Jährige Rispe *(Poa annua)* **20b** Lägerrispe *(Poa supina)* **21** Wiesenrispe *(Poa pratensis)* **22** Gemeine Rispe *(Poa trivialis)* **23** Sumpfrispe *(Poa palustris)* **24** Schilfrohr *(Phragmites australis)* **25** Pfeifengras *(Molinia caerulea)* **26** Ruchgras *(Anthoxanthum odoratum)* **27** Quecke *(Elymus repens)*

5. Blattöhrchen schmal, spitz, krallenartig triebumfassend und übereinander greifend, meist bräunlich bis rotviolett. Mit unterirdischen Ausläufern, früh mit sterilen mehrknotigen Halmtrieben. Scheide und Spreite mit sehr variabler Behaarung oder kahl, auch ihre Farbe sehr variabel (hell- bis graugrün, auch bläulich bereift). Blatthäutchen sehr kurz, steif. Hfg. tr.-fri Grünld., Überschw (Ia, F, G) RZ x, FW 4, M 7, W 5

(27) Quecke *Elymus repens* (L.) Gould

5a. Blattöhrchen nicht krallenartig triebumfassend; Horstgräser (höchstens mit ganz kurzen Ausläufern) **6**

6. Mindestens junge Scheiden, meist auch die undeutlich geriefte Oberseite der Spreite ± behaart, Triebe am Grund oft zwiebelartig verdickt. Blattgrund mit Öhrchen durch auffällig gelbliche Färbung scharf von der Spreite abgesetzt, schmaler als die größte Blattbreite, Öhrchen stumpf, bei jüngsten Blättern oft undeutlich. Spreite unterseits ohne starken Glanz. Selt. fri. Weid., Überschw. (Ia, F) RL 3, RZ 6, FW 6, M 7, W 7, als gefährdete Art in der Roten Liste enthalten!

(28) Wiesengerste *Hordeum secalinum* Schreb.

6a. Scheiden und Spreiten stets kahl (höchstens Blattgrund etwas borstig), Triebe am Grund nie auffällig verdickt. Öhrchen an jungen Blättern gut entwickelt; Spreite oberseits deutlich gerieft, unterseits stark glänzend **7**

7. Blattgrund, oft auch Öhrchen am Rand borstig oder stark gezähnt; Spreite zäh, lederig, steif, am Rande sehr rau; meist Queradern in Scheide und Spreite. Grobe, erhabene Horste (»Bülten«) mit harten Scheiden- und Halmresten. Zstr. fri.-wechself. Grünld., bes. Weid. (Ia, F, J) RZ 7, FW 4, M 7, W 6

(29) Rohrschwingel *Festuca arundinacea* Schreb.

7a. Blattgrund und Öhrchen glattrandig, Spreiten weder lederig zäh noch besonders rau; gewöhnlich ohne Queradern. Flache oder locker aufstrebende Horste ohne Bültenwuchs . . . **8**

8./8a. Schwer unterscheidbar!

Öhrchen kurz, oft abwärts gerichtet	ziemlich lang, spitz, meist waagerecht
Blatthäutchen kürzer als d. Blattgrund, derb, grünlich, beim Abziehen der Spreite zusammensinkend	länger als der Blattgrund, häutig-durchsichtig, stehen bleibend

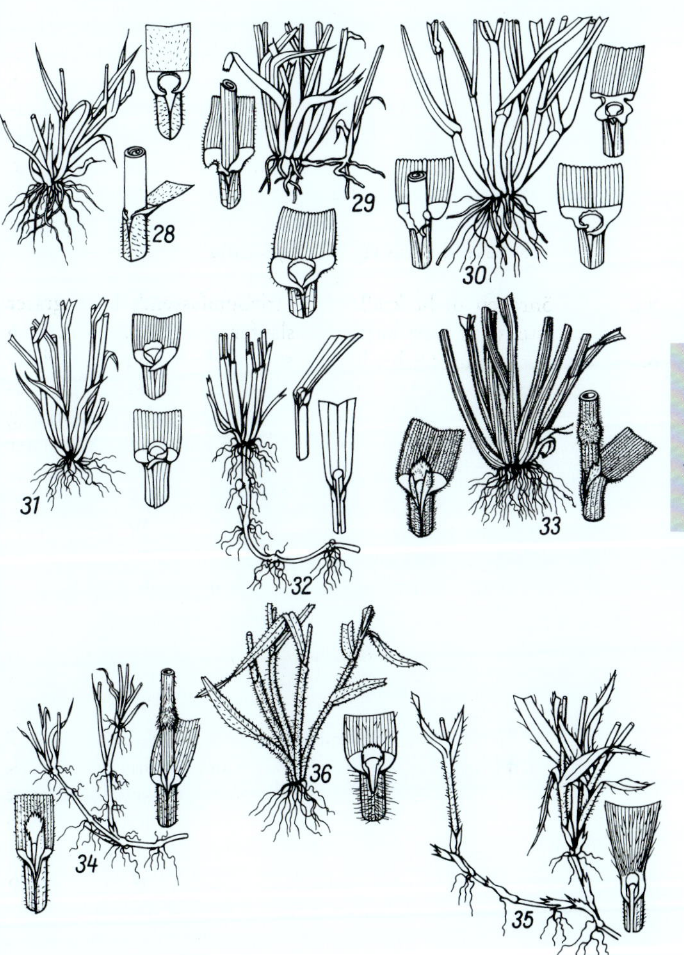

Nicht blühend

Jüngstes Blatt gerollt

28 Wiesengerste *(Hordeum secalinum)* **29** Rohrschwingel *(Festuca arundinacea)* **30** Wiesenschwingel *(Festuca pratensis)* **31** Welsches Weidelgras *(Lolium multiflorum)* **32** Schmalblättriges Reitgras *(Calamagrostis canescens)* **33** Wolliges Honiggras *(Holcus lanatus)* **34** Weiches Honiggras *(Holcus mollis)* **35** Fiederzwenke *(Brachypodium pinnatum)* **36** Weiche Trespe *(Bromus hordeaceus)*

Spreite zu $^{2}/_{3}$–$^{4}/_{5}$ lineal, dann erst verschmälert, im oberen Drittel leicht eingeschnürt	von der Mitte ab verschmälert
Blattgrund Ränder n. oben gebogen	Ränder abwärts gewölbt
Rand abwärts rau	glatt
Mittelriefe breiter als die übrigen Riefen	nicht oder nur wenig breiter als die übrigen Riefen
Alte Scheidenreste meist reichlich, faserig, dunkel	spärlich, häutig, bleich
Triebe gestaucht, mit einander genäherten Blättern, z. T. reine Blatttriebe	aufstrebend, mit entfernt stehenden Blättern, schon früh Ährenanlagen enthaltend
Vbtt. fri.-(wechself.-)feu. Grünld. (G, J, Ia) RZ x, FW 8, M 6, W 4	Selt. Grünld. (hfg. Acker-fu.) fri. Wies. (G) RZ 7, FW 8, M 8, W 4
(30) Wiesenschwingel *Festuca pratensis* Huds.	**(31) Welsches Weidelgras** *Lolium multiflorum* Lam. **(31a) Bastard-Weidelgras** *Lolium × hybridum*

9. Spreite ungewöhnlich lang (bis über 40 cm) und schmal zugespitzt, schwach gerieft, rinnig in den triebanliegenden Grund verlaufend, Spreite oft doppelt gefaltet, am Rand rau, oberseits ± kurzhaarig, unterseits glatt bis glänzend. Zierlich rohrartiges Gras mit sterilen mehrknotigen, oft verzweigten Halmtrieben; mit unterirdischen Ausläufern in Nasswiesen bestandsbildend. Selt feu. Wies. (C) RZ 6, FW 2, M 2, W 3
(32) Sumpfreitgras *Calamagrostis canescens* (F.H. Wigg.) Roth

9a. Spreite nicht ungewöhnlich lang zugespitzt und rinnig, ohne Doppelfaltung; wenn Spreite sehr lang, dann flach, ungerieft oder aber kräftig gerieft und mit relativ breitem Grund. Halmtriebe höchst selten verzweigt 10

10. Jüngere (innere) Scheiden mit rotvioletten Längsstreifen auf weißlichem oder rotviolett überlaufenem Grund. Scheiden und Spreiten dicht sammetartig behaart, dazu oft mit einzelnen längeren Haaren. Spreite oberseits mit mäßig deutlichen, mehrreihig behaarten Riefen, weich, schlaff, graugrün. Blatthäutchen bis 3 mm lang, gezähnt und behaart. Vbtt. fri.-feu. Grünld. (I, H, G, J, K) RZ x, FW 4, M 6, W 4
(33) Wolliges Honiggras *Holcus lanatus* L.

10a. Ohne rotviolette Streifen auf weißlich-violettem Grund der Blattscheiden; wenn vorhanden, Streifen bräunlich bis rötlich **11**

11. Von Jugend an mehrknotige Halmtriebe; Knoten der sonst kahlen Halme auffallend dicht abwärts behaart. (Notfalls Halm herauspräparieren!) Spreite ähnlich der von **33** kurz sammetartig behaart bis fast kahl, auch dann aber weich anzufühlen, graugrün, untere Scheiden bräunlich (selten rotviolett) gestreift, mit unterirdischen Ausläufern. Zstr. fri. Ödld. (Waldnähe Hochmoor) (B, Ib) RZ kA, FW 3, M 6, W 7
(34) Weiches Honiggras *Holcus mollis* L.

11a. Knoten von Halmtrieben kahl, oder wenn Knoten auffällig behaart, dann auch Halm ± behaart oder ohne mehrknotige Halmtriebe **12**

12. Scheiden und (oder) Spreiten ± behaart **13**

12a. Ganze Pflanze kahl **16**

13. Spreite zum Grund hin auffällig verschmälert, am Rande meist vorwärts weichhaarig, oberseits locker behaart oder kahl, ± steif, durch gelb- bis hellgrüne Farbe im Pflanzenbestand auffallend; untere Scheiden meist rückwärts behaart, offen. Mit unterirdischen Ausläufern lockere Horden bildend. Zstr. tr. Magerweid. (A, G) RZ 7, FW 2, M 3, W 6
(35) Fiederzwenke *Brachypodium pinnatum* (L.) P. Beauv.

13a. Spreite zum Grunde hin nicht auffällig verschmälert; Horstgräser **14**

14. Kurzlebige Gräser mit meist stämmigen, Blütenhalme einschließenden Trieben (ohne reine Blatttriebe); alle Scheiden ständig bis oben geschlossen, ± weichhaarig. Spreiten weichhaarig mit bewimpertem Rand, auch etwaige Halme und ihre Knoten behaart. Wurzeln nicht gelb. Im blütenlosen Zustand nicht stets sicher unterscheidbar:

Behaarung allgemein sehr reichlich, mit verschieden langen Haaren; Halmknoten am unteren Rand bärtig behaart	oft spärlich, Scheidenhaare überwiegend gleichmäßig kurz; Halmknoten gleichmäßig kurz behaart ohne stärkere Behaarung des unteren Randes
Blattfarbe deutlich graugrün	gelblich- bis grasgrün
Ährchen fein behaart, graugrün	kahl, glänzend, gelblichgrün

Vbtt. tr.-fri. Grünld., (G, Ia) RZ x, FW 3, M 6, W 4

(36) Weiche Trespe
Bromus hordeaceus L.

Hfg. fri.-feu. Wies. (J, G, C, K) RL 3, RZ 5, FW 4, M 4, W 4, als gefährdete Art in der Roten Liste enthalten!

(37) Traubentrespe
Bromus racemosus L.

14a. Langlebige Gräser, oft mit mehrknotigen sterilen Halmtrieben; Scheiden offen oder nur die unteren anfangs geschlossen, später aufreißend. Etwaige Knoten auch an sonst behaarten Halmen kahl. Wurzeln oft ± gelb **15**

15. Wenigstens die unteren Scheiden meist reichlich abwärts behaart, Spreiten beiderseits ± behaart, meist mit Linksdrehung, unterseits matt, nicht oder schwach gekielt. Untere Scheiden anfangs geschlossen, Halme unter und über dem Knoten stärker behaart, Triebe relativ dünn. Vbtt. fri.-(wechself.-)feu. Grünld., bes. mont. (H, G, Ib, C, J) RZ x, FW 4, M 7, W 5

(38) Goldhafer *Trisetum flavescens* (L.) P. Beauv.

15a. Allgemein spärlich behaart, Spreiten unterseits kahl, meist rechtsdrehend, am Grunde unterseits mit kräftigem, auf die Scheide fortgesetztem Kiel. Auch untere Scheiden offen; am Übergang von Scheide und Spreite unterseits gelbliches oder rotbraunes Dreieck; Triebe kräftig, Wurzeln zäh, drahtig, zuweilen ausgesprochen gelb. Vbtt. fri.-(wechself.-)tr. Wies. (G) RZ kA, FW 7, M 6, W 3

(39) Glatthafer *Arrhenatherum elatius* (L.) P. Beauv. ex J. Presl & C. Presl

16. Spreite deutlich bis stark gerieft (Riefen etwa $^1/_2$ bis 1-mal so hoch wie breit) **17**

16a. Spreite nicht oder nur undeutlich gerieft (Riefen viel niedriger als breit) **20**

17. Riefen der Spreite im Querschnitt dreieckig, ebenso hoch wie breit oder etwas höher; Blatthäutchen relativ sehr lang, meist spitz, weiß. Triebe liegend oder knickig aufsteigend, Scheiden meist etwas aufgeblasen, weißlich bis bläulich bereift oder wie die Spreiten grau- bis bläulich-grün. Zstr. feu. Wies., Überschw. (F) RZ 7, FW 4, M 4, W 4

(40) Knickfuchsschwanz *Alopecurus geniculatus* L.

17a. Riefen der Spreite rundlich gewölbt, weniger hoch als breit; Scheiden und Blätter nicht bereift oder grau- bis bläulichgrün **18**

18. Mit langen, ober- oder unterirdischen Ausläufern. Blatthäutchen der Bodenblätter etwa halb so hoch wie die Blattbreite (1–3 mm, an Halmblättern bis 6 mm lang), hinten meist am höchsten, behaart (Lupe!)

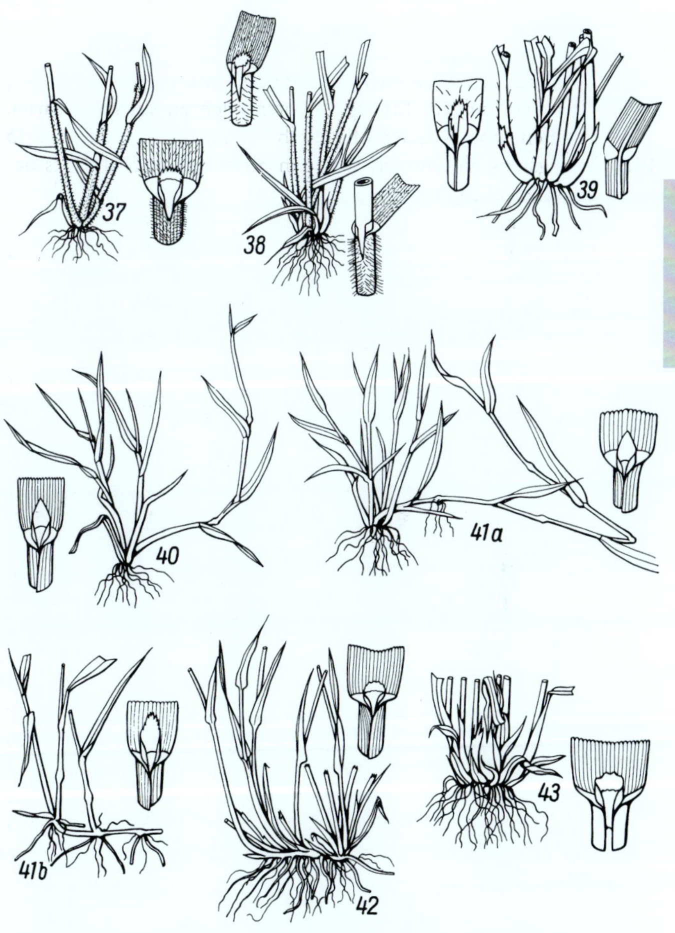

Nicht blühend

Jüngstes Blatt gerollt

37 Traubentrespe *(Bromus racemosus)* **38** Goldhafer *(Trisetum flavescens)* **39** Glatthafer *(Arrhenatherum elatius)* **40** Knickfuchsschwanz *(Alopecurus geniculatus)* **41 a** Flechtstraußgras *(Agrostis stolonifera)* **41 b** Weißes Straußgras *(Agrostis gigantea)* **42** Rotes Straußgras *(Agrostis capillaris)* **43** Wiesenfuchsschwanz *(Alopecurus pratensis)*

– mit langen oberirdischen, stark beblätterten Kriechtrieben. Hfg. fri.-feu. Grünld., Tiefschnitt-Ra. (E, F, Ia) RZ x, FW 4, M 9, W 9

(41a) **Flechtstraußgras** *Agrostis stolonifera* L.

– mit kürzeren unterirdischen Ausläufern. Zstr. feu. Wies. (J, G) RZ kA, FW 7, M 8, W 7

(41b) **Weißes Straußgras** *Agrostis gigantea* Roth

18a. Horstwüchsige Arten (mit höchstens sehr kurzen unterirdischen Ausläufern), Blatthäutchen kurz bis sehr kurz, meist hinten nicht höher, behaart (Lupe!) **19**

19. Spreite bis 4 mm breit, selten länger als 12 cm, regelmäßig gerieft, dünn, ungekielt. Triebe am Grunde mit spärlichen Scheidenresten, Scheiden oben oft rötlich-bräunlich überlaufen, innere Scheiden am Grunde meist nicht rot. Schon früh dünne sterile Halmtriebe, im Spätsommer zuweilen oberirdische Kriechtriebe. Wurzeln dünnfaserig, ihre Rinde nicht leicht abstreifbar. Vbtt. fri.-wechself. Grünld., bes. mont., Tiefschnitt-Ra., Extensiv-Ra. (Ib, B, H, A, K) RZ 4, FW 5, M 6, W 5

(42) **Rotes Straußgras** *Agrostis capillaris* L.

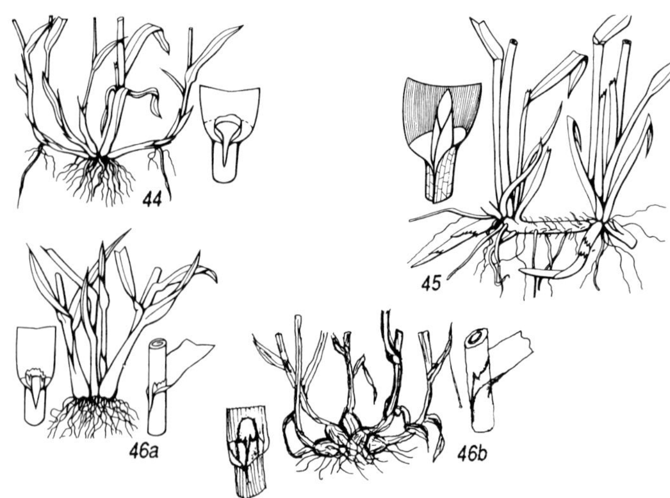

44 Zittergras *(Briza media)* **45** Rohrglanzgras *(Phalaris arundinacea)* **46 a** Wiesenlieschgras *(Phleum pratense)* **46 b** Zwiebellieschgras *(Phleum bertolonii)*

19a. Spreite 4–10 mm breit und bis über 40 cm lang, unregelmäßig gerieft, meist mit breiterem Mittelband, ziemlich derb, unterseits mit flachem, glänzendem Kiel. Ohne sterile Halmtriebe; Triebe am Grunde mit ± reichlichen dunkelbraunen Scheidenresten, innere Scheiden am Grunde oft rotviolett. Wurzeln ± dick mit leicht abstreifbarer Rinde, beim Ausreißen daher leuchtend weiß. Vbtt. fri.-(wechself.-)feu. Grünld., bes. Wies. (J, F, G, K) RZ 6, FW 7, M 7, W 4
(43) Wiesenfuchsschwanz *Alopecurus pratensis* L.

20. Blatthäutchen sehr kurz, häutig-durchsichtig, zuweilen kaum wahrnehmbar. Spreite 2–5 mm breit, in schlanke, helle, etwas kahnförmige Spitze verlaufend. Kleine, niedrige Horste, zuweilen mit ganz kurzen unterirdischen Ausläufern. Scheide bis oben geschlossen, am Grunde meist braun. Selt. tr.-(wechself.-) fri. Grünld., Magerr. (A, K, H, IB B) RZ kA, FW 5, M 4, W 4
(44) Zittergras *Briza media* L.

Nicht blühend

Jüngstes Blatt gerollt

20a. Blatthäutchen deutlich bis ziemlich lang (2–6 mm lang und länger), Scheiden stets offen **21**

21. Rohrartig kräftiges Gras mit Queradern in Scheide und Spreite. Blatthäutchen lang, rundspitz oder dreieckig, unregelmäßig gezähnt oder geschweift, Blatt 6–20 mm breit; Blattgrund etwas schmaler, trichterförmig und schief gegen die Scheide abgesetzt. Mit langen fleischigen unterirdischen Ausläufern. Zstr. feu. Wies., Überschw., Ufer (J, K, F) WZ 5, RZ 7, F 5, M 5, W 3
(45) Rohrglanzgras *Phalaris arundinacea* L.

21a. Ohne Queradern und Ausläufer, Horstgräser, nicht rohrartig; Spreiten etwa 3–10 mm breit **22**

22. Blatthäutchen ganz kahl (Lupe!), am übergreifenden Rande (über dem Scheidenmund) oder an beiden Rändern oft mit einem Zahn. Spreite zum Grunde hin nicht verschmälert, meist buchtig gewellt, am Rande deutlich gezähnt. Triebe am Grunde meist etwas zwiebelig verdickt. Vbtt. fri.-wechself. Grünld., bes. Weid. (I, G, J) RZ x, FW 8, M 8, W 6
(46a) Wiesenlieschgras *Phleum pratense* L.
Sehr ähnlich:
(46b) Zwiebellieschgras *Phleum bertolonii* DC.
Im ganzen kleiner, Blätter 2–5 mm breit, obere Blattscheiden

leicht aufgeblasen, Triebe am Grunde mit 1–2 zwiebelig verdickten Internodien. Selt. fri. Ra. (Ia) RZ kA, FW 3, M kA, W kA

22a. Blatthäutchen dicht und fein behaart (Lupe!), kragenförmig, meist ringsum gezähnt, seltener glatt abgeschnitten. Spreite zum Grunde hin etwas verschmälert, eben (nicht buchtig-wellig), Zähne am Rand nur mit Lupe erkennbar. Triebe am Grunde zuweilen perlschnurartig verdickt, Wurzeln oft ausgesprochen gelb.
s. (39) **Glatthafer** *Arrhenatherum elatius* (L.) P. Beauv. ex J. Presl & C. Presl

4.2 Blühender Zustand*)

4.2.1 Ähren und Scheinähren

1. Blütenstand ährenartig, d.h. schmal länglich, zylindrisch, kopfig oder schmal kegelförmig, ohne längere Äste. Ährchen ungestielt oder ganz kurz gestielt, meist der Achse anliegend und nur zum Teil beim Blühen spreizend (Ähren und »Scheinähren«) **2**

1a. Blütenstand nicht ährenartig; Ährchen oder Gruppen von Ährchen an deutlichen bis sehr langen, oft verzweigten Ästen. Umriss des Blütenstandes beim Spreizen breit kegelförmig oder breitoval (nur bei sehr ährchenarmen Arten schmal, länglich) **14**

2. Ährchen nur an einer oder an zwei Seiten der Achse, diese daher großenteils sichtbar **3**

2a. Ährchen umgeben die daher nicht sichtbare Achse rundum . **9**

3. Ährchen ± nach einer Seite gerichtet, Blütenstand also asymmetrisch **4**

3a. Ährchen nach 2 Seiten gerichtet, Blütenstand symmetrisch . **5**

4. Ähre nur 1–2 mm dick bzw. breit, schmal einseitswendig. Ährchen einblütig, pfriemlich, zuerst der Achse dicht anliegend, später schräg kammartig abstehend, als gefährdete Art in der Roten Liste enthalten!
A (1) **Borstgras** *Nardus stricta* L.

*) (Zahlen hinter den großen Buchstaben A, B … entsprechen der Reihenfolge der Arten im »Schlüssel nichtblühender Zustand«!)

4a. (Schein-)Ähre 4–10 mm dick bzw. breit, dicht zahnbürstenartig nach einer Seite entwickelt, Achse zickzackförmig verlaufend. Ährchen mehrblütig, dazwischen federförmige Blütenrudimente, als gefährdete Art in der Roten Liste enthalten!

B (15) **Kammgras** *Cynosurus cristatus* L.

5. Ährchen wenig zahlreich (5–12), sehr groß (2–4 cm lang), spindelförmig, im Querschnitt rundlich, ganz kurz gestielt, unbegrannt, als gefährdete Art in der Roten Liste enthalten!

C (35) **Fiederzwenke** *Brachypodium pinnatum* (L.) P. Beauv.

5a. Ährchen zahlreicher, kleiner (ohne Grannen 4–15 mm, nie über 25 mm lang), ungestielt **6**

6. Ähre einer kleinen Gerstenähre gleichend mit zahlreichen 6–15 mm langen Grannen; je Achsenstufe 3 einblütige Ährchen mit je 3 rauen (aber nicht behaarten) Grannen, dicht gedrängt und sich deckend, als gefährdete Art in der Roten Liste enthalten!

D (28) **Wiesengerste** *Hordeum secalinum* Schreb.

Blühend

Ähren u. Scheinähren

6a. Nicht gerstenähnlich, Ährchen mehrblütig, flachgedrückt; wenn begrannt, nur eine höchstens 10 mm lange Granne je Blüte **7**

7. Ährchen mit der Breitseite der Ährenachse angedrückt, mit zwei Hüllspelzen, Spelzen zugespitzt oder mit kurzer Granne

E (27) **Quecke** *Elymus repens* (L.) Gould

7a. Ährchen mit der Schmalseite der Ährenachse angedrückt, mit nur einer Hüllspelze **8**

8. Spelzen unbegrannt, Ährchen beim Blühen nicht spreizend, Halm glatt

F (14) **Deutsches Weidelgras** *Lolium perenne* L.

8a. Spelzen (meist!) begrannt, Ährchen beim Blühen weit spreizend, Halm oben rau

G (31) **Welsches Weidelgras** *Lolium multiflorum* Lam.

9. (Schein-)Ähren dicht geschlossen, einer Zylinder-(Rohr)-bürste ähnlich, walzenförmig oder kurzoval, Ährchen sehr zahlreich **10**

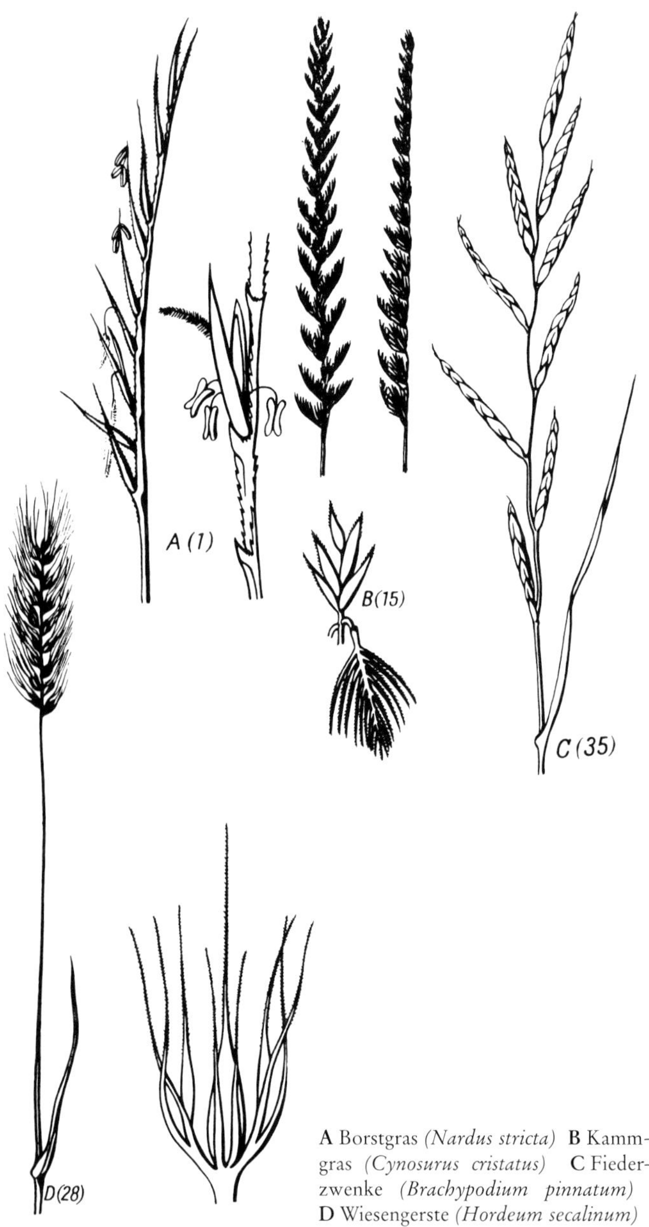

A Borstgras *(Nardus stricta)* **B** Kammgras *(Cynosurus cristatus)* **C** Fiederzwenke *(Brachypodium pinnatum)* **D** Wiesengerste *(Hordeum secalinum)*

9a. (Schein-)Ähren ± locker (zuweilen auch unterbrochen), spitz kegelförmig, Ährchen in beschränkter Zahl **13**

10. (Schein-)Ähre kurzoval bis fast kugelig, violett bis stahlblau überlaufen oder gelblich-bleichgrün, am Grund oft mit Stützblättern, Deckspelze 3–7-zähnig, als gefährdete Art in der Roten Liste enthalten!
H (19) Blaugras *Sesleria caerulea* (L.) ARD.

10a. (Schein-)Ähre lang walzenförmig, ohne Stützblätter, Spelzen nicht gezähnt, höchstens mit einer Grannenspitze **11**

11. Ährchen stiefelknechtförmig mit zugespitzten Hüllspelzen (aber ohne Granne), waagerecht abstehend oder nur wenig aufwärts gerichtet, nur bei der Reife aufwärts von der Achse abzustreifen
Ja (46a) Lieschgras *Phleum pratense* L.
Sehr ähnlich:
Jb (46b) Zwiebellieschgras *Phleum bertolonii* DC.
Im ganzen kleiner, Scheinähre bis 6 cm lang, 3–5 mm breit

Blühend

11a. Ährchen oval, mit zarter, etwas herausragender Granne, der Achse anliegend, jederzeit leicht abwärts abzustreifen . . **12**

Ähren u. Scheinähren

12. Scheinähre 3–7 cm lang, 6–10 mm dick, Halm kräftig, aufrecht, Blattscheide einfach grün
K (43) Wiesenfuchsschwanz *Alopecurus pratensis* L.

12a. Scheinähre 2–5 cm lang, 3–6 mm dick, Staubbeutel hellgelb, später braun, Halm liegend, knickig aufsteigend, Blattscheide meist ± bläulich bereift
L (40) Knickfuchsschwanz *Alopecurus geniculatus* L.

13. Ährchen einblütig (mit 2 feinen versteckten Grannen), 6–10 mm lang, lanzettlich, Blätter beim Reiben mit Kumaringeruch, als gefährdete Art in der Roten Liste enthalten!
M (26) Ruchgras *Anthoxanthum odoratum* L.

13a. Ährchen 2–4-blütig, ohne Grannen, 5–6 mm lang, oval bis keilförmig, Blätter ohne Kumaringeruch, als gefährdete Art in der Roten Liste enthalten!
N (9) Kammschmiele *Koeleria pyramidata* (Lam.) P. Beauv.

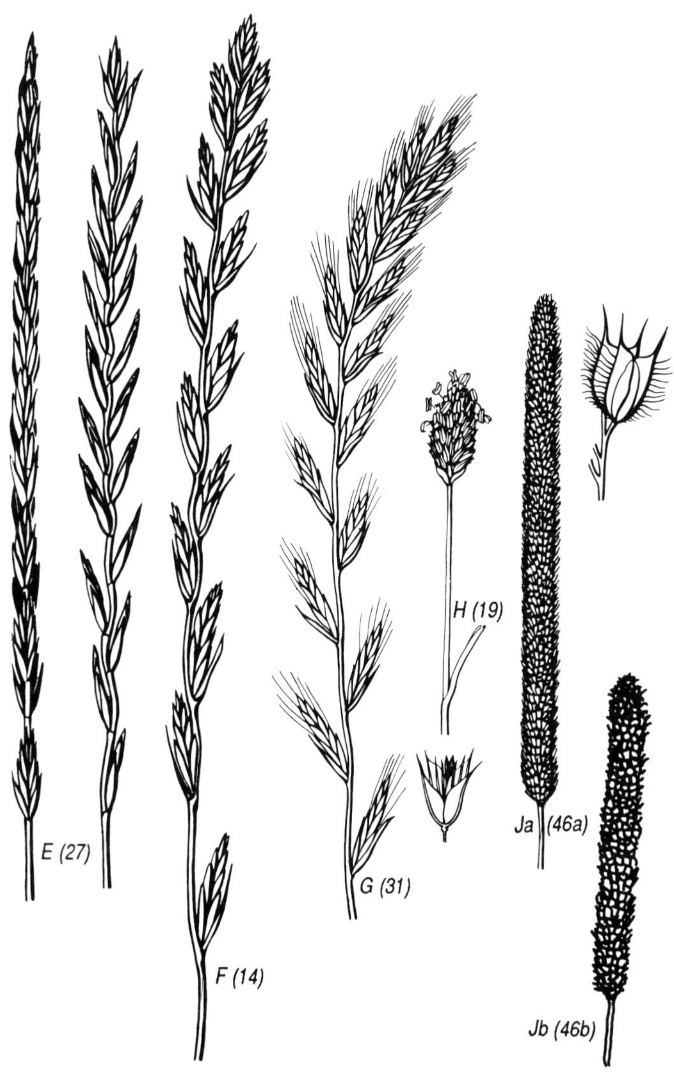

E Quecke *(Elymus repens)* **F** Deutsches Weidelgras *(Lolium perenne)* **G** Welsches Weidelgras *(Lolium multiflorum)* **H** Blaugras *(Sesleria caerulea* **Ja** Wiesenlieschgras *(Phleum pratense)* **Jb** Zwiebellieschgras *(Phleum bertolonii)*

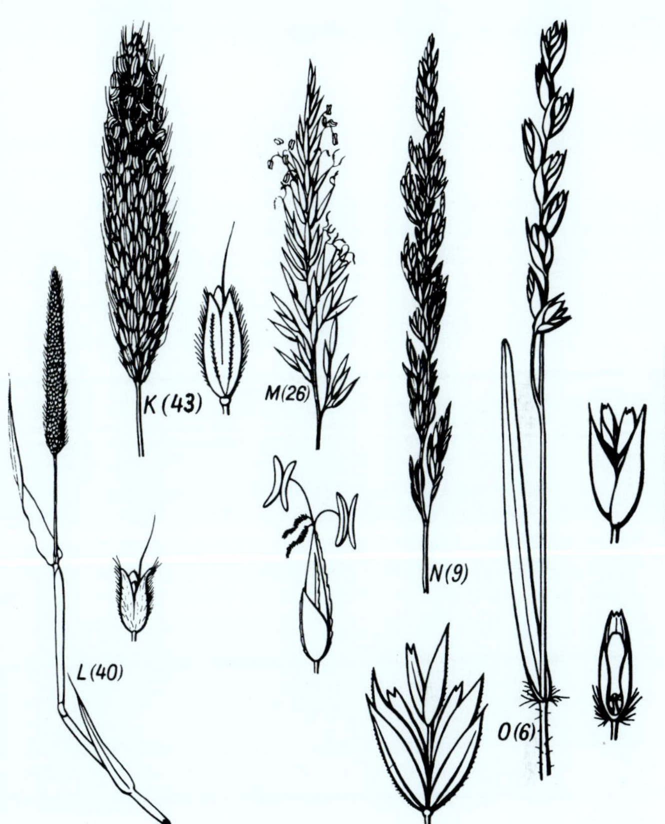

K Wiesenfuchsschwanz *(Alopecurus pratensis)* **L** Knickfuchsschwanz *(Alopecurus geniculatus)* **M** Ruchgras *(Anthoxanthum odoratum)* **N** Kammschmiele *(Koeleria pyramidata)* **O** Dreizahn *(Danthonia decumbens)*

4.2.2 Trauben, Doppeltrauben und Rispen

14. Blütenstand in den unteren Stufen 1- bis 2-ästig **15**
14a. Blütenstand in den unteren Stufen 3- bis vielästig **31**
15. Ährchen ohne sichtbare Grannen (selten versteckte Grannen) oder nur mit grannenspitzig verlängerten Spelzen **16**
15a. Ährchen mit deutlich sichtbaren bis langen Grannen; diese vom Rücken der Deckspelze oder aus einer Kerbe ihrer Spitze hervorgehend **28**

4.2.2.1 Blütenstand ein- bis zweiästig

– Ährchen unbegrannt

16. Blütenstand eine ährchenarme (3–10, selten mehr Ährchen), einästige Traube (selten Doppeltraube), Ährchen 3–5-blütig, 6–10 mm lang, ± oval, Deckspelze an der Spitze dreizähnig, als gefährdete Art in der Roten Liste enthalten!
O (6) Dreizahn *Danthonia decumbens* (L.) DC.

16a. Blütenstand mit mehr als 10 bis sehr vielen Ährchen (wenn doch ährchenarm, dann Spelzen mit Grannenspitze), meist Doppeltrauben oder Rispen, Deckspelze nicht dreizähnig . **17**

17. Ährchen rundlich-herzförmig, 4–7 mm lang und breit, zu 15–50 an meist geschlängelten Ästen etwas hängend, violett und grün gescheckt. 2-ästige Doppeltraube-Rispe, als gefährdete Art in der Roten Liste enthalten!
P (44) Zittergras *Briza media* L.

17a. Ährchen nicht rundlich-herzförmig, sondern oval, spindelförmig oder lineal **18**

18. Einästige Rispe* mit achsenfernen dichten Knäueln ± länglich-ovaler, etwa 7 mm langer, 3–4-blütiger Ährchen; Blütchen etwas gekrümmt, grannenspitzig
Q (10) Knaulgras *Dactylis glomerata* L.

18a. Ährchen nicht in auffällig achsenfernen Knäueln; wenn geknäuelt, achsennah und Blütenstand zweiästig **19**

19. Deckspelzen rundlich oder spitz, aber nicht in eine Grannenspitze endend **20**

19a. Deckspelzen mit 0,5–3 mm langer Grannenspitze **26**

20. Sehr lange (1–)2-ästige Doppeltraube-Rispe (bis 50–60 cm), schmal, einseitswendig, leicht knickend; Ährchen meist 14–20 mm lang, 8–11-blütig, lineal, mit abgerundeten Spelzen (Deckspelzen etwa 6 mm lang), mit den Ästen der Achse anliegend
R (11) Flutender Schwaden *Glyceria fluitans* (L.) R. Br.

20a. Blütenstand selten länger als 20 cm, kegelförmig, beim Blühen ± ausgebreitet, nicht besonders leicht knickend, Ährchen 4–12 mm lang, oval, elliptisch oder lanzettlich **21**

*) stellenweise z. T. zweiästig

21. Ährchen 1-blütig, lanzettlich, 4–6 mm lang, in der großen 2-ästigen Rispe achsennah geknäuelt. Rohrartiges, bis über 2 m hohes Gras

S (45) Rohrglanzgras *Phalaris arundinacea* L.

21a. Ährchen 2- oder mehrblütig, nicht achsennah geknäuelt, Gräser nicht rohrartig, niedrig oder höchstens 1–1½ m hoch. . **22**

22. Ährchen 2-blütig mit einer feinen versteckten, nicht aus den Hüllspelzen hervorragenden Granne, weißlich rosa bis braunviolett getönt. Ganze Pflanze samtartig weichharig. Rispe 2-ästig

T (33) Wolliges Honiggras *Holcus lanatus* L.

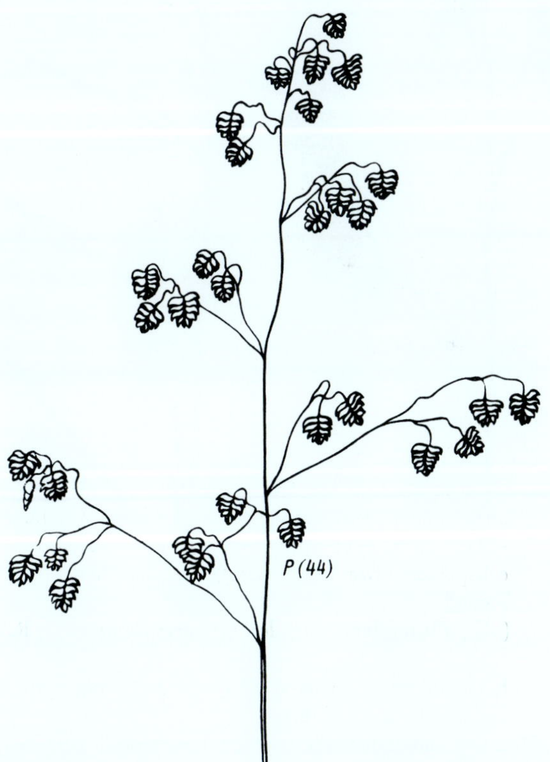

P Zittergras *(Briza media)*

Blühend

Trauben, Doppeltrauben u. Rispen bis zweiästig Ährchen unbegrannt

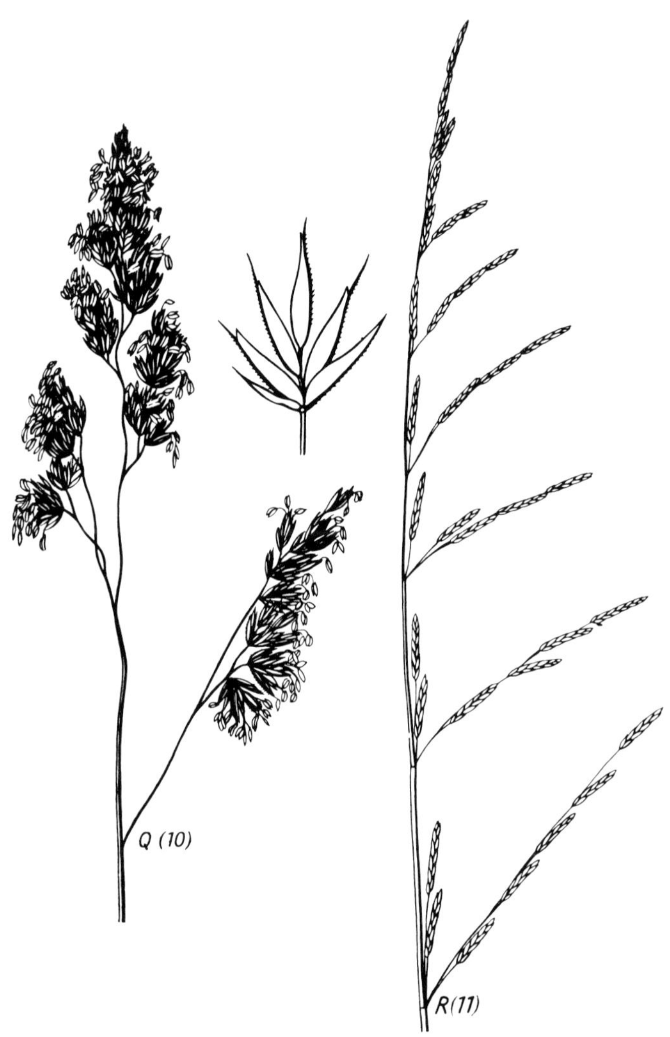

Q Knaulgras *(Dactylis glomerata)* **R** Flutender Schwaden *(Glyceria fluitans)*

22a. Pflanzen kahl oder nur spärlich bewimpert, Ährchen ganz ohne Grannen **23**

23. Niedriges, höchstens 20–30 cm hohes, ganzjährig blühendes

Gras mit 2–3 mm langen, 2–5-blütigen Ährchen, Spelzen gekielt; (1–)2-ästige Rispe
Ua (20a) Jährige Rispe *Poa annua* L.
Sehr ähnlich:
Ub (20b) Lägerrispe *Poa supina* Schrad.

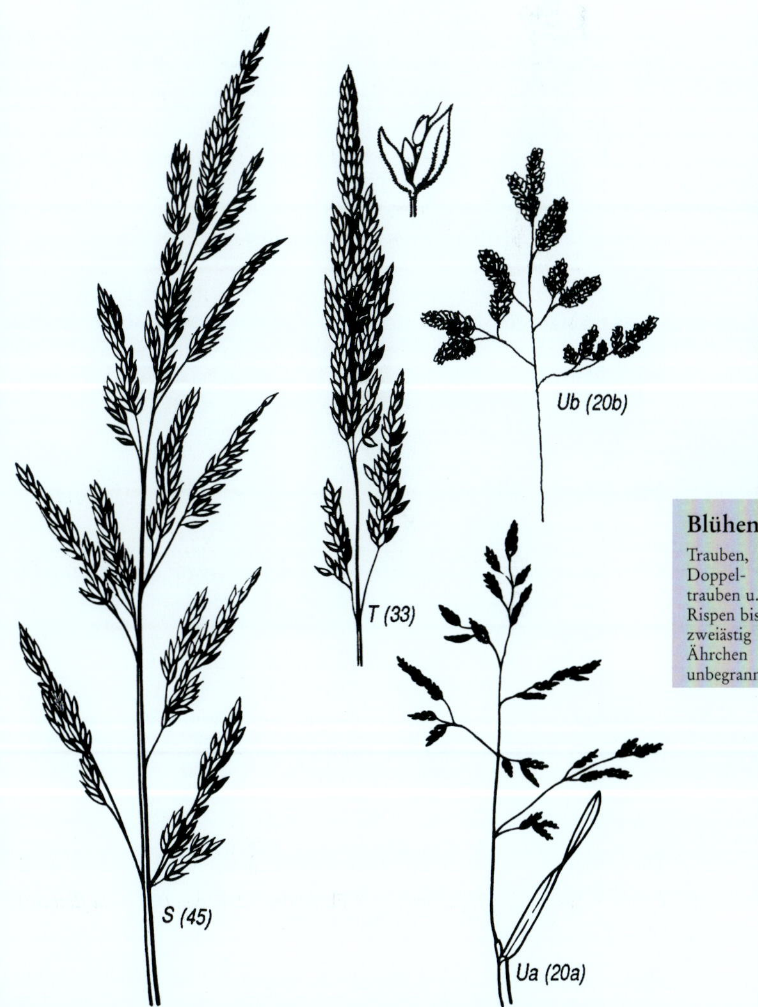

Blühend
Trauben, Doppeltrauben u. Rispen bis zweiästig Ährchen unbegrannt

S Rohrglanzgras *(Phalaris arundinacea)* **T** Wolliges Honiggras *(Holcus lanatus)* **Ua** Jährige Rispe *(Poa annua)* **Ub** Lägerrispe *(Poa supina)*

Bis 30 cm hoch, mit nur wenig Blütentrieben. Rispen nahezu ein gleichseitiges Dreieck bildend. Ährchen 2–6 mm lang, 3–5-blütig, Hüllspelzen violett bis dunkelrot überlaufen

23a. Höher wachsende Gräser (30–150 cm hoch), Ährchen 4–12 mm lang; wenn niedriger als 30 cm, Blätter borstlich, haardünn **24**

24. Halm scheinbar ohne Knoten, am Grunde verdickt, Rispe sehr verschieden gebaut. Äste straff aufrecht bis anliegend, Zahl und Abstand unregelmäßig, neben einigen längeren oft viele kurze; Ährchen meist 2–3-blütig, 4–9 mm lang, ± blau oder violett überlaufen, im Schatten auch gelblichgrün (Staubbeutel und Narben purpurn)

V (25) Pfeifengras *Molinia caerulea* (L.) Moench

24a. Halm durch Knoten gegliedert, Doppeltraube-Rispe regelmäßig gebaut. Ährchen 4–12 mm lang, elliptisch bis länglich-lineal (Staubbeutel und Narben nie purpurn) . . **25**

25. Blätter borstlich, haardünn, Blütenstand 1–2-ästig, ährchenarm; Ährchen 4–5 mm lang. Kleine, dichte Horste

Y (3) Schafschwingel (Sammelart) *Festuca ovina* L.

25a. Blätter 3–12 mm breit, meist ± flach, Blütenstand meist 2-ästig, Ährchen 8–12 mm lang

a) Untere Äste des Blütenstandes mit zahlreichen Ährchen (5–8-20), diese meist 4–5-blütig, Blütenstand meist auch nach der Blüte spreizend, Äste ± hängend. Derbes, steifblättriges, bültenwüchsiges Gras

W (29) Rohrschwingel *Festuca arundinacea* Schreb.

b) Längerer der unteren Äste mit 3–4 (6), kürzerer mit 1 (selten 2–3) Ährchen, diese meist 5–8-blütig. Blütenstand nach der Blüte zusammengezogen, Äste nicht hängend. Weichblättriges Gras ohne Bültenwuchs

X (30) Wiesenschwingel *Festuca pratensis* Huds.

26. Blatt 4–12 mm breit oder breiter, flach oder etwas rinnig, Blütenstand 2-ästig

s. W (29) Rohrschwingel oben unter 25a

26a. Blatt schmal, 0,6–3 mm breit, borstlich oder gefaltet, selten flach ausgebreitet **27**

27. Blatt ⅓ bis höchstens ⅔ mm dick, nicht entfaltbar. Traube-Doppeltraube-Rispe, häufiger 1- als 2-ästig, unterster Ast ± ⅓

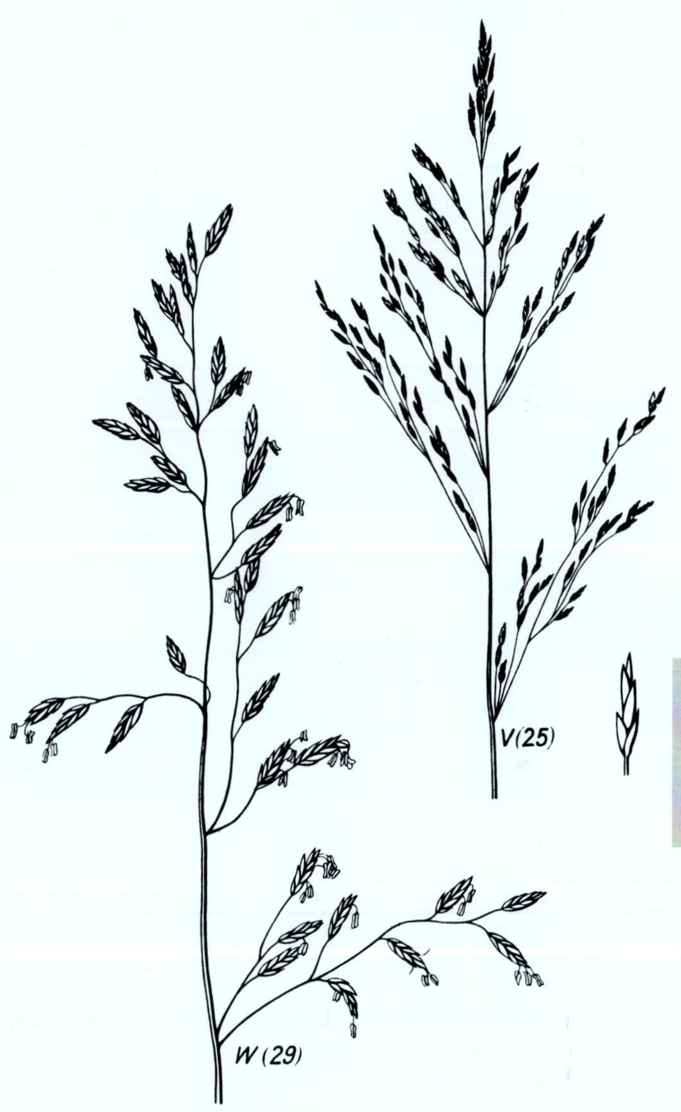

Blühend

Trauben, Doppel-trauben u. Rispen bis zweiästig Ährchen unbegrannt

V Pfeifengras *(Molinia caerulea)* **W** Rohrschwingel *(Festuca arundinacea)*

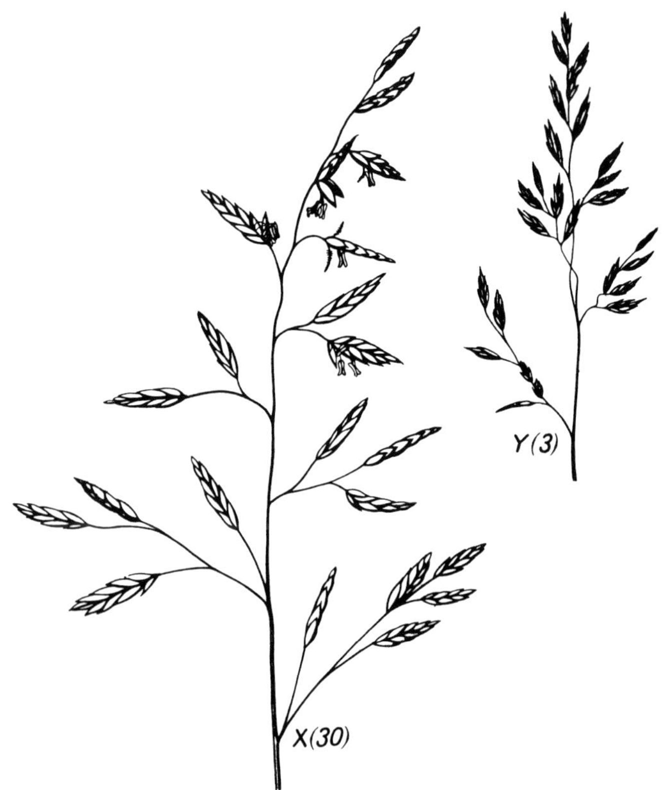

X Wiesenschwingel *(Festuca pratensis)* **Y** Schafschwingel *(Festuca ovina)*

so lang wie der meist ährchenarme Blütenstand
Y (3) Schafschwingel (Sammelart) *Festuca ovina* L.

27a. Blatt, wenn gefaltet, ⅔-1 mm breit, z. T. schwer entfaltbar und dann 2–3 mm breit. Traube-Doppeltraube, häufiger 2- als 1-ästig, unterster Ast ½ so lang wie der Blütenstand
Z (4, 17) Rotschwingel *Festuca rubra* L.
a) mit langen unterirdischen Ausläufern ssp. *rubra* L. . . . . **17**, S. 31
b) horstwüchsig, höchstens mit sehr kurzen Ausläufern ssp. *commutata* Gaud. . . . . **4**, S. 25

Z Rotschwingel *(Festuca rubra)* **AA** Drahtschmiele *(Deschampsia flexuosa)*

4.2.2.1 Blütenstand ein- bis zweiästig

– Ährchen begrannt

28. Ährchen 4–6 mm lang, 2-blütig. Grannen fein, nur wenig aus den Blüten herausragend **29**

28a. Ährchen 12–20 mm lang, 3–10-blütig, Grannen 5 bis mehr als 10 mm aus den Blüten herausragend **30**

29. Blätter schmal borstenartig. Rispenäste regelmäßig doppelt verzweigt, mit einzeln stehenden Ährchen, meist geschlängelt, wie die Spelzen rötlich-braun bis purpurn; Ährchen mit 2 deutlichen Grannen

AA (2) Drahtschmiele *Deschampsia flexuosa* (L.) Trin.

29a. Blätter flach, bis 12 mm breit. Rispenäste unregelmäßig traubig verzweigt (Ährchen im oberen Teil der Rispe ± gebüschelt), nicht geschlängelt, Rispe weißlichgrün oder gelblich, selten schwach rötlich getönt. Ährchen mit nur einer Granne

BB (34) Weiches Honiggras *Holcus mollis* L.

30. Ährchen der einfachen Traube schmal länglich, 14–20 und mehr mm lang, meist 3–5-blütig, Hüllspelzen fast so lang wie das Ährchen. Granne in der Mitte der Deckspelze ansetzend, bis 22 mm lang, gekniet und im unteren Teil spiralig gedreht. Blätter sehr hart und rau, als gefährdete Art in der Roten Liste enthalten!

CC (18) Trifthafer *Helictotrichon pratense* (L.) Besser

30a. Ährchen der Traube-Doppeltraube plump oval bis spindelförmig, dick, 12–15 mm lang, meist 5–10-blütig; Hüllspelzen viel kürzer als das Ährchen. Granne nahe der Spitze der Deckspelze ansetzend, bis 10 mm lang, gerade. Blätter schlaff, weichhaarig

a) Ährchen weich behaart, matt graugrün, länger als der kürzeste untere Ast des Blütenstandes; Staubbeutel bis 1 mm lang

DD (36) Weiche Trespe *Bromus hordeaceus* L.

b) Ährchen kahl, glänzend, gelblich- bis bräunlich-grün, kürzer als der kürzeste untere Ast; Staubbeutel länger als 1 mm, als gefährdete Art in der Roten Liste enthalten!

EE (37) Traubentrespe *Bromus racemosus* L.

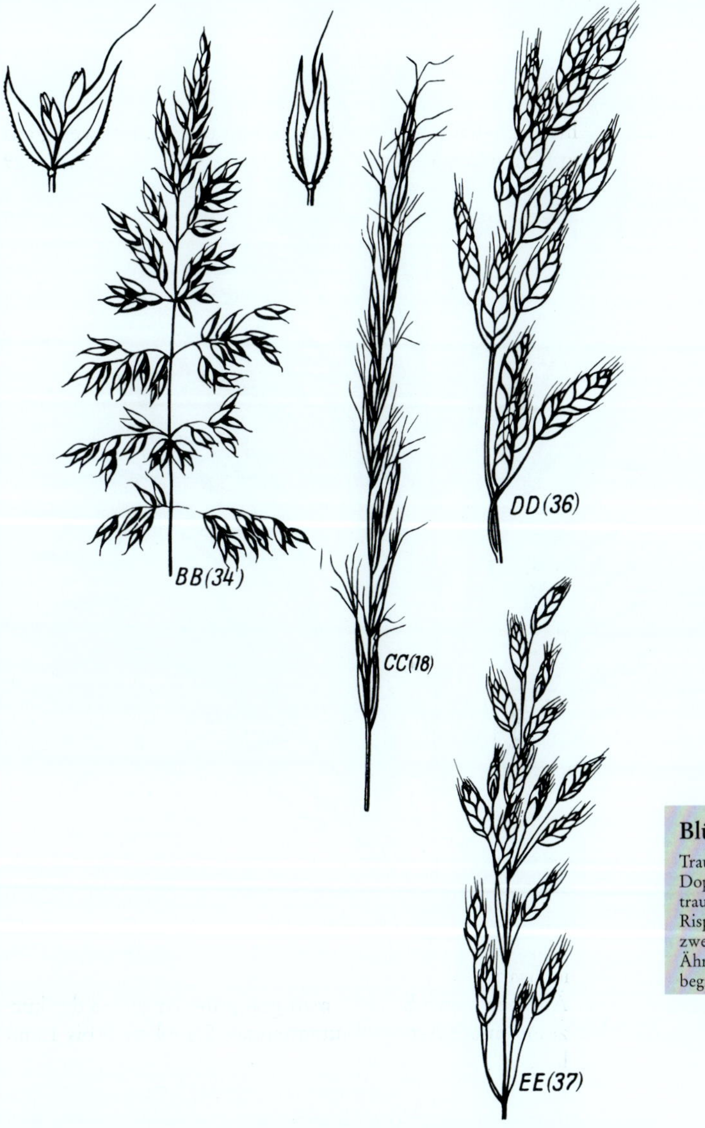

Blühend

Trauben, Doppeltrauben u. Rispen bis zweiästig Ährchen begrannt

BB Weiches Honiggras *(Holcus mollis)* **CC** Trifthafer *(Helictotrichon pratense)* **DD** Weiche Trespe *(Bromus hordeaceus)* **EE** Traubentrespe *(Bromus racemosus)*

FF Schilfrohr *(Phragmites australis)*

4.2.2.2 Blütenstand unten drei- bis vielästig

31. Ungewöhnlich hohe Gräser (2–3–4 m) mit rohrartig starken Halmen, im oder am Wasser, auf zeitweise überschwemmten

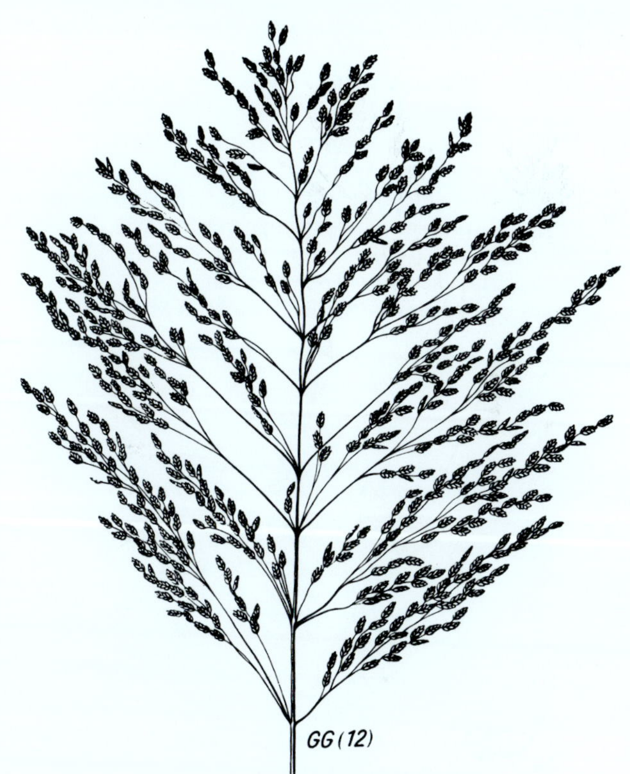

GG Wasserschwaden *(Glyceria maxima)*

oder staunassen Standorten, Blätter meist breiter als 10 mm, Rispen meist 20–50 cm hoch **32**

31a. Gräser niedrig bis mittelhoch (selten höher als 150 cm); wenn an nassen Standorten, Blätter höchstens 10 mm breit, Rispen selten höher als 20 cm **33**

32. Ährchen 10–16 mm lang, 2–6-blütig, schmal pfriemlich, ihre Achse mit Seidenhaaren, Rispe daher nach der Blüte wollig, auch Äste am Grunde weichhaarig. Blatt ± flach, in grannenartig schmale Spitze verlaufend

FF (24) Schilfrohr *Phragmites australis* (Cav.) Trin. ex Steud.

32a. Ährchen 5–18 mm lang, 4–8-blütig, länglich oval, etwas flachgedrückt, Achse ohne Seidenhaare; Rispe kahl bleibend. Blatt lineal mit Kahnspitze

GG (12) Wasserschwaden *Glyceria maxima* (Hartm.) Holmb.

33. Halm scheinbar ohne Knoten, am Grunde verdickt; Rispe sehr verschieden gebaut; Äste straff aufrecht bis anliegend, Zahl und Abstand unregelmäßig, neben einigen längeren oft viele kurze; Ährchen meist 2–3-blütig, 4–9 mm lang, lanzettlich-spitzoval, ± blau oder violett überlaufen, im Schatten auch gelblichgrün (Staubbeutel und Narben purpurn)

V (25) Pfeifengras *Molinia caerulea* (L.) Moench, S. 34

HH Rasenschmiele *(Deschampsia cespitosa)*

33a. Halm durch Knoten gegliedert, auch sonst andere Merkmale **34**

34. Blatt mit 5–7 schneidend scharfen Riefen, zwischen ihnen in der Durchsicht fast reinweiße Linien. Vielästige, weiterhin regelmäßig doppelt verzweigte offene Rispe. Ährchen 4–5 mm lang, meist 2-blütig, mit 2 feinen, großenteils versteckten Grannen

HH (5) Rasenschmiele *Deschampsia cespitosa* (L.) P. Beauv.

34a. Blätter ohne schneidend scharfe Riefen (höchstens am Rande rau), Blütenstand nicht regelmäßig doppelt verzweigt. . . **35**

35. Ährchen nur 1-blütig, daher sehr schlank, etwas zusammengedrückt **36**

35a. Ährchen mehrblütig **39**

36. Ährchen 4–6 mm lang; zierlich rohrartiges Gras mit sehr langen, am Grunde stark verschmälerten, etwas steifen, rauen, oft rinnigen, oberseits kurzhaarigen Blättern, als gefährdete Art in der Roten Liste enthalten!

JJ (32) Sumpf-Reitgras *Calamagrostis canescens* (F. H. Wigg.) Roth

36a. Ährchen nur 1,5–3 mm lang, Gräser nicht rohrartig, Blätter weich, ganz kahl **37**

37. Ährchen bis 2 mm lang, mit feiner, deutlich herausragender Granne, Blätter meist borstlich gefaltet bzw. gerollt, 1–3 mm breit; oberirdische Ausläufer mit Büscheln feinblättriger Triebe

KK (16) Hundsstraußgras *Agrostis canina* L.

37a. Ährchen 2–3 mm lang, ohne herausragende Granne; Blätter nicht borstlich schmal **38**

38. Rispe stumpfwinklig verzweigt, sehr locker, offen, meist ± rotviolett, Ährchen nicht gebüschelt. Äste oft tangential von der Achse ausgehend. Blatthäutchen kurz, hinten nicht höher

LL (42) Rotes Straußgras *Agrostis capillaris* L.

38a. Rispe spitzwinklig verzweigt, Ährchen ± gebüschelt, meist bleichgrün, selten schwach violett getönt, Äste radial von der Achse ausgehend. Blatthäutchen hinten höher, an Halmtrieben bis 6 mm lang

– Rispe kurz (bis 10 cm hoch), meist zusammengezogen, Ähr-

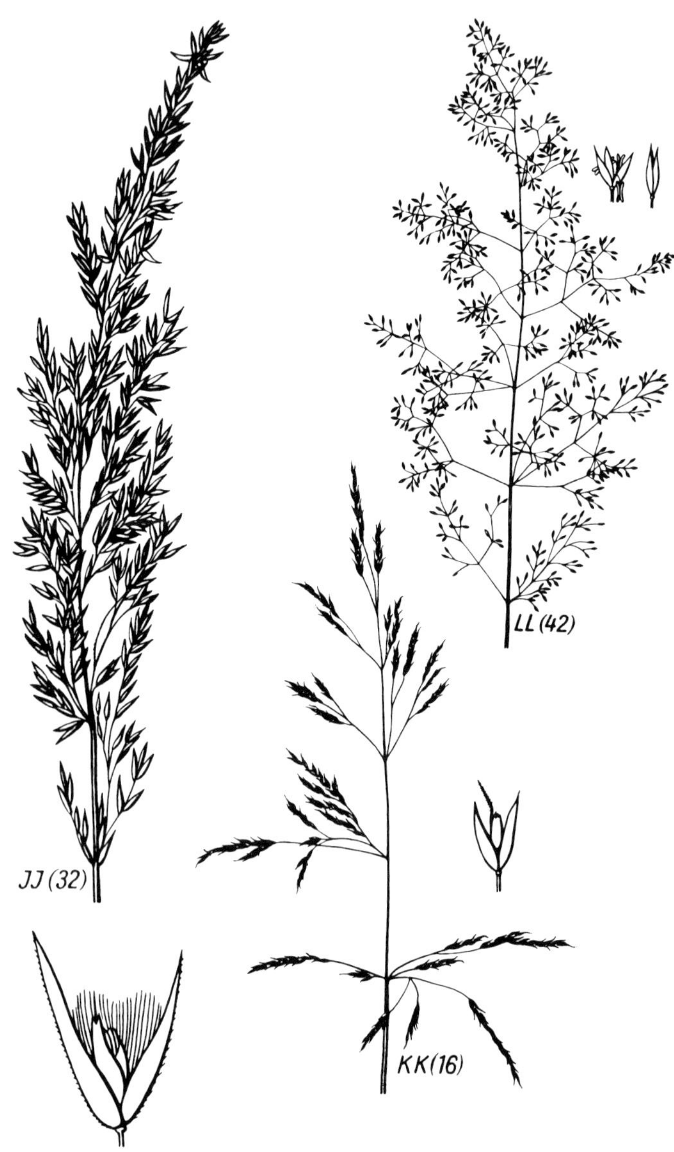

JJ Sumpf-Reitgras (*Calamagrostis canescens*) **KK** Hundsstraußgras (*Agrostis canina*) **LL** Rotes Straußgras (*Agrostis capillaris*)

MM Flecht- bzw. Weißes Straußgras (*Agrostis stolonifera* bzw. *A. gigantea*)
NN Bergrispe *(Poa chaixii)*

Blühend

Trauben, Doppeltrauben u. Rispen vielästig

chen meist achsennah, oft lappig geknäuelt. Mit langen, blattreichen, oberirdischen Ausläufern
MM (41a) Flechtstraußgras *Agrostis stolonifera* L.

– Rispe meist höher als 10 cm, offen, Ährchen meist achsenfern, mit ± langen unterirdischen Ausläufern
MM (41b) Weißes Straußgras *Agrostis gigantea* Roth

39. Schmale, längliche, rispige Scheinähre, nur beim Blühen schmal kegelförmig spreizend, unterbrochen, lappig. Ährchen 5–6 mm lang, meist 3-blütig, Hüllspelzen spitz, meist etwas bewimpert. Blatt zum Grunde hin stark verschmälert, oberseits stark und sehr unregelmäßig gerieft, als gefährdete Art in der Roten Liste enthalten!
N (9) Kammschmiele *Koeleria pyramidata* (Lam.) P. Beauv., S. 29

39a. Echte Trauben-Doppeltrauben-Rispen, in der Blüte ± breit kegelförmig spreizend. Blatt am Grunde nicht auffällig verschmälert, ungerieft oder ± regelmäßig gerieft **40**
40. Ährchen ohne Grannen, Pflanzen kahl **41**
40a. Ährchen mit deutlichen Grannen, Pflanzen wenigstens an den unteren Blattscheiden ± behaart, selten vollständig kahl . **45**
41. Deckspelzen auf dem Rücken rundlich gewölbt (ungekielt), Ährchen 8–12 mm lang, länglich oval, spindelförmig oder lineal. Blütenstände meist 2-, seltener 3–4-ästig, Äste von einer im Querschnitt dreikantigen Achse nach 2 Seiten ausgehend
s. W. (29), X (30) Schwingelarten *Festuca*, S. 36 u. 38

41a. Deckspelze auf dem Rücken gekielt, Ährchen 3–7 mm lang, oval bis rhombisch, seltener länglich, zusammengedrückt; Blütenstände 3–7- oder vielästig, Äste von einer im Querschnitt runden Achse nach 2 Seiten ausgehend. **42**
42. Robustes Gras mit derb-lederigen, bis über 10 mm breiten Blättern, grobe Horste mit strohigen Scheiden- und Blattresten bildend. Ährchen meist 5–8(10) mm lang, rhombisch; Deckspelzen am Grunde ohne Zottenhaare
NN (13) Bergrispe *Poa chaixii* Vill.

42a. Zarte Gräser mit weichen bis etwas steifen, aber nicht derblederigen Blättern, ohne groben Horstwuchs und auffällige Strohreste. Ährchen 2–5 mm lang; Deckspelzen am Grunde mit ± zottigen Haaren **43**

43. Blätter lineal mit Kahnspitze, oft schmal, gefaltet. Blatthäutchen an Halmblättern kurz (selten länger als 2–3 mm), stets gestutzt. Ährchen 4–6 mm lang, Rispe gedrungen. Mit unterirdischen Ausläufern
OO (21) Wiesenrispe *Poa pratensis* L.

43a. Blätter allmählich in eine feine (selten schmal kahnförmige) Spitze verschmälert. Blatthäutchen an Halmblättern bis 6 mm

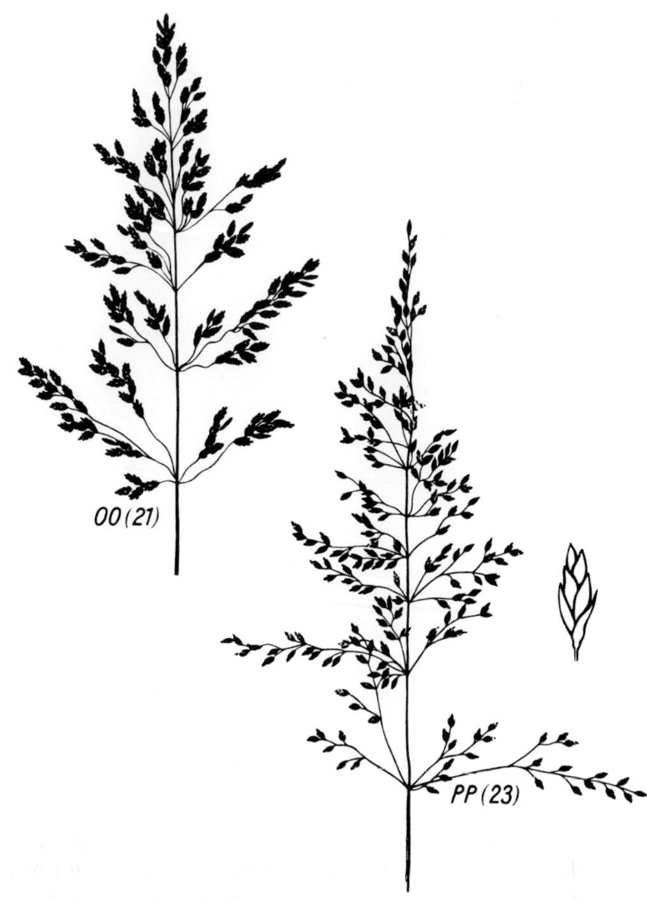

Blühend
Trauben, Doppeltrauben u. Rispen vielästig

OO Wiesenrispe *(Poa pratensis)* **PP** Sumpfrispe *(Poa palustris)*

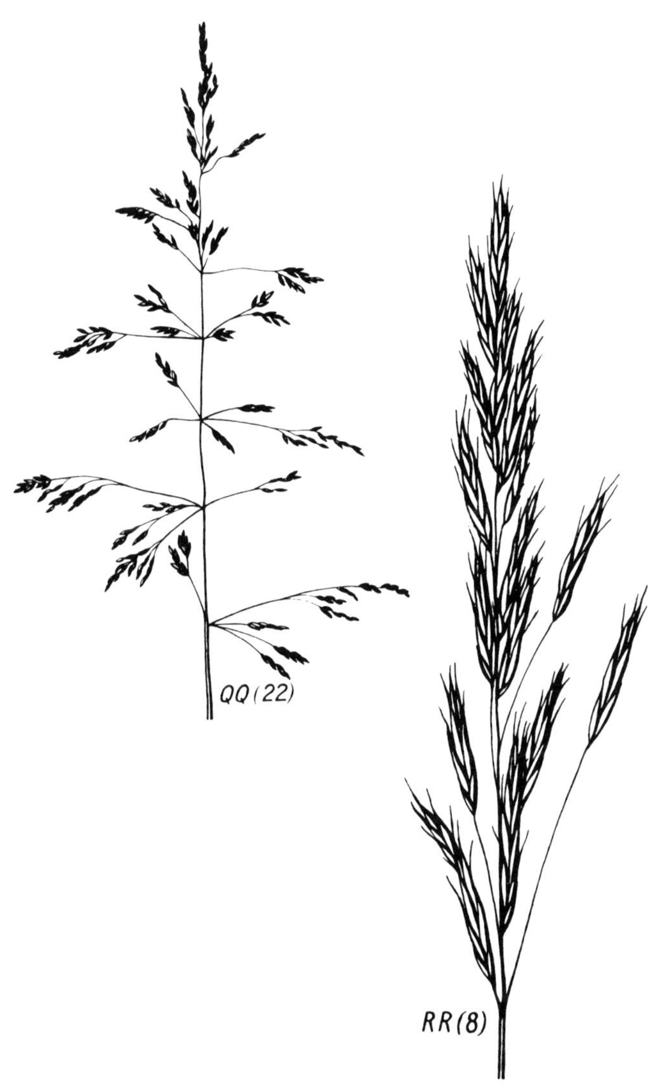

QQ Gemeine Rispe *(Poa trivialis)* **RR** Aufrechte Trespe *(Bromus erectus)*

lang, spitz oder doch hinten am höchsten. Ährchen 2–4 mm lang, Blütenstand locker **44**

44. Horstgras, Halm- und Blattscheiden glatt, Spreiten unterseits matt, Doppeltraube-Rispe sehr veränderlich, Ährchen oft gelblich, violett oder kupferfarbig; Haare der Deckspelze bei Samenreife nicht verfilzend

PP (23) Sumpfrispe *Poa palustris* L.

44a. Mit oberirdischen Ausläufern; Halm und Blattscheiden meist

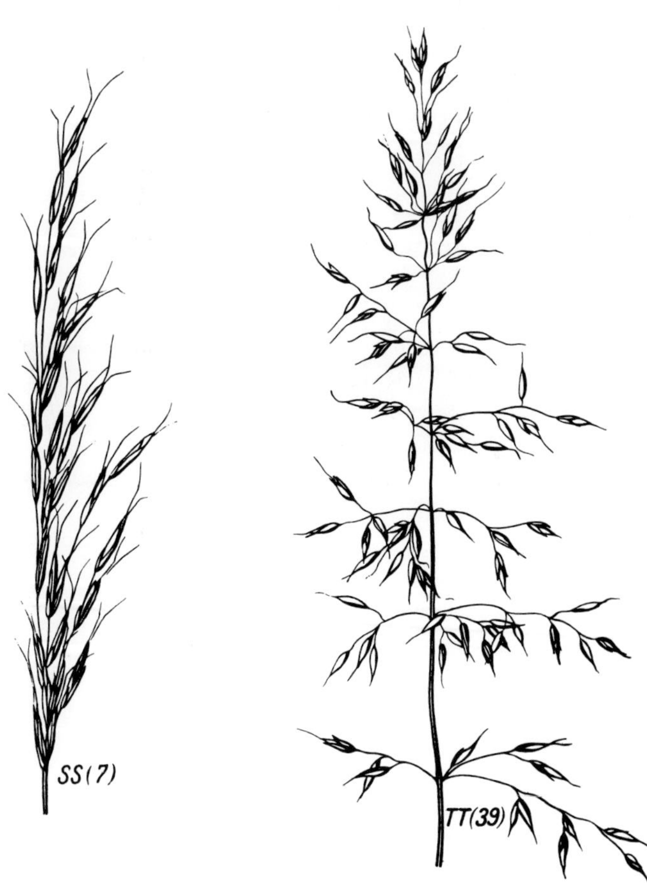

SS Flaumhafer *(Helictotrichon pubescens)* **TT** Glatthafer *(Arrhenatherum elatius)*

Blühend
Trauben, Doppeltrauben u. Rispen vielästig

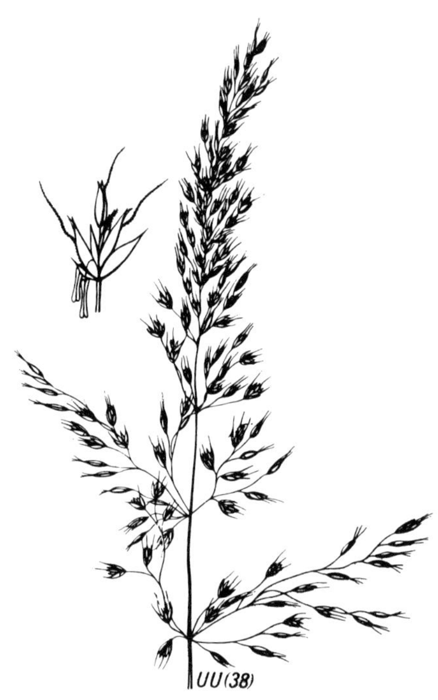

UU Goldhafer *(Trisetum flavescens)*

deutlich rau, Spreiten unterseits stark glänzend. Ährchen hellgrün-weißlich bis bräunlich-violett; Haare der Deckspelze bei Samenreife klettenartig verfilzend
QQ (22) Gemeine Rispe *Poa trivialis* L.

45. Ährchen 5–7(–10)-blütig mit entsprechend vielen Grannen. Hüllspelzen viel kürzer als das Ährchen. Granne kurz unter der (zweizähnigen) Spitze der Deckspelze angesetzt, nie spiralig gedreht, höchstens geschlängelt, Trauben-, Doppeltrauben. Blattscheiden stets bis fast oben geschlossen **46**

45a. Hüllspelzen fast so lang wie das Ährchen, dieses nahezu umhüllend. Granne in der Mitte oder im unteren Drittel des Rückens der Deckspelze angesetzt, gekniet und im unteren Teil spiralig gedreht. Neben (Trauben-)Doppeltrauben auch Rispen. Blattscheiden höchstens in der Jugend teilweise geschlossen, später offen **47**

46. Ährchen 20–40 mm lang, länglich spindelförmig, Grannen 3–8 mm lang. Ausdauerndes Gras mit vielen Blatttrieben; jüngste Blätter gefaltet, Spreitenrand steif kammartig bewimpert, als gefährdete Art in der Roten Liste enthalten!
RR (8) Aufrechte Trespe *Bromus erectus* Huds.

46a. Ährchen 12–15 mm lang, kurz spindelförmig, ziemlich dick, Grannen 5–10 mm lang; kurzlebige Gräser, fast nur mit Halmtrieben; jüngste Blätter gerollt, Spreitenrand gleichmäßig weich bewimpert
s. **DD (36)** Weiche Trespe, S. 39 u. 40
s. **EE (37)** Traubentrespe, S. 39 u. 40

47. Ährchen 11–17 mm lang, 2–3-blütig, auf grünem bis violettem Grund silberfleckig, Grannen kräftig, 12–20 mm lang, purpurn, meist zu 2. Jüngste Blätter gefaltet
SS (7) Flaumhafer *Helictotrichon pubescens* (Huds.) Pilg.

47a. Ährchen 4–10 mm, Grannen 4–10 mm lang (selten länger), fein; jüngste Blätter gerollt **48**

48. Ährchen 6–10 mm lang, 2-blütig, weißlichgrün bis braunrosa; nur 1 Granne. Traube-Doppeltraube mit relativ wenigen Ährchen (höchstens etwa 100)
TT (39) Glatthafer *Arrhenatherum elatius* (L.) P. Beauv. ex J. Presl & C. Presl

48a. Ährchen 4–6 mm lang, 2–3(–4)-blütig, gelbgrün-goldbraun, mit (2–)3(–4) feinen Grannen. Doppeltraube-Rispe sehr ährchenreich (bis etwa 500)
UU (38) Goldhafer *Trisetum flavescens* (L.) P. Beauv.

5 Saatgutmischungen

5.1 Artenfrage

5.1.1 Grünland

In Abhängigkeit von der Bewirtschaftungsintensität und den Standorteigenschaften können die Pflanzenbestände des Grünlandes einen beträchtlichen Artenreichtum aufweisen. Längst nicht jede auf dem Grünland angesiedelte und erwünschte Art ist ansaatwürdig, da die Ansaatwürdigkeit generell gewisse Forderungen voraussetzt, die nicht von jeder Art erbracht werden. So zeichnen sich ansaatwürdige Arten aus durch:

- ausreichende Konkurrenzkraft in Mischsaaten über einen längeren Zeitraum hinweg,
- ausreichende Anpassungsfähigkeit an Standort und Bewirtschaftung,
- ausreichende Verfügbarkeit von Saatgut mit hinreichender genetischer und technischer Qualität und
- ausreichende Ertragsleistung und Futterqualität.

Da diesen Forderungen nur wenige Arten entsprechen, ist die Zahl der ansaatwürdigen Arten im Wirtschaftsgrünland klein und begrenzt. Somit bilden sachgerecht zusammengestellte Saatgutmischungen lediglich die Basis für den Anfangsbestand, in den sich dann rasch aus dem meist enormen Samenvorrat des Standortes und benachbarten Regionen die an Standort und Bewirtschaftung angepassten Arten in ausgewogener Menge zusätzlich ansiedeln. Zudem variieren die Ansaatmischungen in Abhängigkeit vom Standort und Verwendungszweck beträchtlich. Artenreiche Mischungen bieten allerdings keinesfalls mehr Sicherheit für den Ansaaterfolg. Vielmehr lässt sich aus sogenannten »Sicherheitsmischungen« die Unsicherheit bzw. Unkenntnis des Anwenders ableiten! Diese Feststellung, die für die Ansaat von Rasenflächen gleichermaßen Gültigkeit hat, lässt sich durch eine Vielzahl langjähriger Erhebungen belegen.

Für die Arten- und Sortenwahl ergibt sich damit generell, dass die beabsichtigte Bewirtschaftung der letztlich bestimmende Faktor ist. Demzufolge lassen sich solche im Hinblick auf die beabsichtigte Nutzung abgestimmten Standardsaatgutmischungen auf recht unterschiedlichen Standorten mit Erfolg anwenden. Eine Regionalisierung

Tabelle 1: Ansaatwürdige und bedingt ansaatwürdige Arten für verschiedene Grünlandflächen

Arten	Mähweiden	Wiesen
Wiesenschwingel *(Festuca pratensis)*	x	x
Deutsches Weidelgras *(Lolium perenne)*	x	–
Wiesenlieschgras *(Phleum pratense)*	x	x
Wiesenrispe *(Poa pratensis)*	x	x
Weißklee *(Trifolium repens)*	x	x
Weißes Straußgras *(Agrostis gigantea)*	(x)	(x)
Knaulgras *(Dactylis glomerata)*	(x)	(x)
Ausläufer-Rotschwingel *(Festuca rubra rubra)*	(x)	(x)
Wiesenfuchsschwanz *(Alopecurus pratensis)*	–	(x)
Glatthafer *(Arrhenatherum elatius)*	–	(x)

Tabelle 2: Standardmischungen für die Ansaat von Grünland (Anonymus, 2018a)

	GI	GII	GIII	GIV
	% Gewichtsanteil			
Deutsches Weidelgras (*Lolium perenne*)				
Frühe Reifegruppe	3	13	20	–
Mittlere Reifegruppe	3	17	20	–
Späte Reifegruppe	4	17	37	27
Wiesenlieschgras (*Phleum pratense*)	17	17	17	17
Wiesenrispe (*Poa pratensis*)	10	10	10	10
Wiesenschwingel (*Festuca pratensis*)	47	20	–	–
Rotschwingel (*Festuca rubra*)	10	–	–	–
Knaulgras (*Dactylis glomerata*)	–	–	–	40
Weißklee (*Trifolium repens*)	6	6	6	6
Aussaatmenge (kg/ha)	30	30	30	30

der Mischungen nach Standortstypen oder Regionen hat lediglich im Falle der Anlage von artenreichen Wiesen in besonders geschützten Gebieten und auf nicht landwirtschaftlich genutzten Flächen eine größere Bedeutung. Laut § 40 Bundesnaturschutzgesetz (Anonymus, 2009) dürfen ab März 2020 nur noch naturraumtreue Pflanzen und

Saatgut nach Genehmigung durch die Naturschutzbehörde in die freie Natur ausgebracht werden. Landwirtschaftlich genutzte Flächen sind von dieser Regelung ausgenommen, jedoch stellen u.a. FFH-Lebensraumtypen wie die Mähwiesen einen Sonderfall dar, wenn sie landwirtschaftlich genutzt werden. Bei diesen Flächen greifen das Verschlechterungsverbot und das Umweltschadensgesetz, sodass hier nur Material gepflanzt oder eingesät werden darf, das zu keiner Verschlechterung (auch nicht genetisch) führt. Letztlich bedeutet das, dass nur solche Arten ausgebracht werden dürfen, die möglichst durch Drusch und Mahdgutübertragung aus der unmittelbaren Umgebung stammen. Zertifiziertes, naturraumtreues Saatgut, das seinen genetischen Ursprung in der Region hat und gezielt vermehrt wurde, kann gegebenenfalls alternativ verwendet werden (Seither, *et al.*, 2014).

Für die engere landwirtschaftliche Nutzung in Frage kommende ansaatwürdige »x« und bedingt ansaatwürdige »(x)« Arten sind entsprechend der Bewirtschaftungseignung in Tabelle 1 aufgelistet.

Im norddeutschen Raum werden die in Tabelle 2 angeführten Standardmischungen von der Offizialberatung empfohlen (Anonymus, 2018a). Recht ähnlich präsentieren sich die Standardsaatgutmischungen der anderen Bundesländer, wobei sie in den südlichen Bundesländern variieren. Baden-Württemberg geht z.B. einen anderen Weg und verwendet anstelle der bisherigen numerischen Kennzeichnung den Einsatzbereich der Mischungen mit Buchstaben. T = beschreibt die Verwendung in trockenen Lagen; F = frischer bis feuchter Standort; U = ungünstige Lagen; P = Pferdeweide; I = Intensive Nutzung (Tabelle 3).

Das strenge Einhalten bestimmter Regelwerte bei offiziell empfohlenen Standardmischungen ist lediglich eine technische Notwendigkeit für einen möglichen Kontrollanbau. Ein Abweichen in Grenzen von den Regelwerten solcher Empfehlungen führt auf Grund der variierenden TKM's, Keimfähigkeit, Reinheit und weiterer Faktoren kaum zu nachhaltigen saatgutmischungsbedingten Beeinträchtigungen der Bestandsentwicklung.

Aufgrund der von den Wiederkäuern Rind und Schaf abweichenden Fressgewohnheiten von Pferden, Schweinen oder Geflügel und Damwild liegen für die Weiden dieser Tierarten bei der Auswahl der Saatgutmischung Besonderheiten vor, die zu beachten sind. So weist für die Anlage von Gestüts- oder Pferdeweiden die Standardmischung GIII (analog GSWP) wegen des fehlenden Weißklees (*Trifolium repens*) und des hohen Anteils an Untergräsern eine gute Eignung auf.

Tabelle 3: Regelansaatmischungen für Dauergrünland in Baden-Württemberg (% Gewichtsanteil) (LAZBW, 2019)

Arten	Intensive Schnitt- und Weidenutzung				Extensive Schnittnutzung	
Nutzungen Standort	GSWI 5–6 intensiv	GSWT 3–4 trocken	GSWU Bis 3 ungünstig	GSWP Pferdeweide	GST 2–3 trocken	GSF 2–3 frisch/feucht
Deutsches Weidelgras (*Lolium perenne*)	59	28	6	56		6
Wiesenschwingel (*Festuca pratensis*)		19	28		34	45
Wiesenlieschgras (*Phleum pratense*)	19	19	17	16	17	17
Wiesenrispe (*Poa pratensis*)	13	13	14	16	11	11
Wiesenfuchsschwanz (*Alopecurus pratensis*)			6			
Ausläuferrotschwingel (*Festuca rubra*)		6	11	12	9	9
Glatthafer (*Arrhenatherum elatius*)					11	
Knaulgras (*Dactylis glomerata*)		6	6		9	
Weißklee (*Trifolium repens*)	9	9	9		3	9
Hornschotenklee (*Lotus corniculatus*)					3	
Rotklee (*Trifolium pratense*)			3		3	3
Saatmenge kg/ha	32	32	35	32	35	35

Für die Anlage von Schweine- oder Geflügelweiden würde man die gleiche Mischung inclusive einer Zugabe von 2 kg/ha Weißklee verwenden. Werden Ansaaten für die Nutzung von Damtieren ausgeführt, so eignen sich hierfür die Mischungen GII bzw. GSWI.

Für Nachsaaten auf stark belasteten Weiden kommt in der Regel lediglich ein Sortengemisch mit der Hauptkomponente Deutsches Weidelgras (*Lolium perenne*) in Frage, da die restlichen Arten nicht voll die an nachsaatwürdige Arten zu stellenden Forderungen erfüllen.

5.1.2 Anlage von Landschaftsrasen mit hoher Biodiversität

Für die Anlage von Grünland oder Landschaftsrasen mit hoher Biodiversität kommt es neben den geeigneten Standortvoraussetzungen maßgeblich auf die Verwendung einer konkurrenzschwachen Deckmischung an. In Frage kommen u.a. je nach Standorteigenschaften Mischungen wie GI in Norddeutschland oder GSF oder GST in Baden-Württemberg, die gegebenenfalls mit entsprechenden Kräutersamen aus regionaler Herkunft ergänzt werden. Dabei kann nicht zwingend davon ausgegangen werden, dass die Zusammensetzung der Saatmischungen dem gewünschten Endbestand entspricht. Vielmehr werden sich die teilweise konkurrenzschwachen Kräutersamen nur dann ausreichend gut im Bestand entwickeln können, wenn die angelegte Bewirtschaftung in geeigneter Weise mit den Standortbedingungen harmoniert. Insofern werden sich letztlich nach einigen Jahren mit hoher Wahrscheinlichkeit nur die Arten entwickeln, die sich auch in der Natur unter ähnlichen Bedingungen ausbreiten würden. Entscheidend sind letztlich eine extensive Nutzung und eine entsprechend geringe Zufuhr an Nährstoffen (Seither, *et al.*, 2014).

5.1.3 Rasen

Ebenso wie bei der Anlage von Grünland stellt der Anfangsbestand von Rasenflächen im Hinblick auf den Artenumfang und die Massenanteile einzelner Arten lediglich die Basis für den späteren Bestand dar. Folglich ist längst nicht jede auf Rasenflächen vorkommende und erwünschte Art ansaatwürdig. Damit eine Art ansaatwürdig wird, muss sie folgende Anforderungen erfüllen:

- geringer Massenzuwachs bei guter Ausdauer und Regeneration,
- gute Narbendichte, schmales Blatt, gute Durchwurzelung,
- eine nicht zu ausgeprägte Dormanz sowie
- ausreichende Verfügbarkeit von Saatgut mit guter genetischer und technischer Qualität.

Tabelle 4: Ansaatwürdige und bedingt ansaatwürdige Gräser für verschiedene Rasenflächen

	Intensivrasen		Extensivrasen	
Arten	Tief-/Normalschnitt		frisch/trocken	
Hundsstraußgras *(Agrostis canina)*	x	(x)		
Rotes Straußgras *(Agrostis capillaris)*	x	(x)	x	
Weißes Straußgras *(Agrostis gigantea)*			(x)	
Flechtstraußgras *(Agrostis stolonifera)*	x	(x)	x	
Aufrechte Trespe *(Bromus erectus)*				(x)
Schafschwingel *(Festuca ovina)*		(x)	x	x
Rotschwingel *(Festuca rubra)*	x	x	x	x
Deutsches Weidelgras *(Lolium perenne)*		x	(x)	
Wiesenrispe *(Poa pratensis)*		x	x	x
Lägerrispe *(Poa supina)*	x	(x)		
Goldhafer *(Trisetum flavescens)*			(x)	

Während bei Intensivrasen – Rasentypen, die längerfristig ein gewisses Mindestmaß an Belastung und Pflege (Düngung, Schnitt etc.) fordern – die spätere Nutzung das entscheidende Kriterium für die zu berücksichtigenden Arten darstellt, hat bei den Extensivrasen – Rasentypen, die längerfristig einer Belastung nicht standhalten müssen und nur ein geringes Maß an Pflegegängen erfordern – der Standort (Wasserhaushalt, Bodenreaktion, Schatteneinfluss etc.) Gewicht für die Artenwahl. In Tab. 4 sind die ansaat- → x und bedingt ansaatwürdigen Arten → (x) entsprechend der verschiedenen Rasentypen zusammengestellt. Die Ausweisung von so genannten **Schattenrasen** ist sachlich nicht begründet, da in den hiesigen Breiten – im Gegensatz zu südlichen Lagen – unter Schatteneinfluss von Gehölzen und Gebäudeteilen bzw. in modernen Fussballstadien mit eng an die Spielfläche herangerückten Tribünen eine dauerhaft dichte Rasennarbe vor allem aufgrund von Lichtmangel nicht erzielbar ist. Sind Intensivrasen stärkerem Schatteneinfluss ausgesetzt, so bietet sich die Berücksichtigung der Lägerrispe (*Poa supina*) an.

Werden die Saatstärken von Grünland- und Rasenanlagen verglichen, so ist festzustellen, dass der Saatgutaufwand bei der Anlage von Rasen das Zehnfache von dem des Grünlandes ausmacht. Diese hohen Saatgutaufwendungen beschleunigen einerseits den Narbenschluss und behindern andererseits die Ansiedlung standortbürtiger Arten. Sollen sich beispielsweise bei den Formen der Extensivrasen möglichst rasch artenreiche Narben bilden, so ist dies nur durch eine erhebliche Reduzierung der Aussaatstärke zu erreichen. Die zusätzliche Verwendung von Kräutersamen bei der Anlage artenreicher Rasenflächen ist nicht unproblematisch, da u.a. die Qualität des Kräutersaatgutes naturgemäß gravierende Unterschiede aufweist, die angebotenen Arten allgemein eine geringe ökologische Varianz aufweisen, vielfach eine markante Keimruhe existent ist, die Abnahme derartiger Flächen sich auf Grund der reduzierten Saatstärke hinauszögert und die Mehrkosten insgesamt ein ganz beträchtliches Ausmaß erreichen können.

Inzwischen sind einige Händler und Vermehrungsfirmen am Markt, die speziell auf die Bedingungen der Standorte angepasstes und regional vermehrtes Regio-Saatgut entwickelt haben.

Bei der Ansaat von Rasenflächen ist, wie bereits erwähnt, für die richtige Wahl von Mischungen und Sorten die beabsichtigte Nutzung von entscheidender Bedeutung (Anonymus 2019a). Die Beschreibende Sortenliste Rasengräser des Bundessortenamtes fasst die Rasentypen Sportplatz-, Spiel- und Parkrasen trotz ihrer unterschiedlichen Pflegeansprüche zum Typ »Strapazierrasen« zusammen (Anonymus 2019b). Dort werden Rasentypen folgendermaßen unterschieden (Tab. 5).

Für die Anlage von Rasenflächen ist in Tabelle 5 eine Auswahl verbreiteter Rezepturen (Anonymus 2019b) zusammengestellt. Diese sowie darüber hinaus eine Vielzahl weiterer Regelsaatgutmischungen, RSM, liegen den Normen DIN 18035-4, Sportplätze, (Anonymus 2018c) und DIN 18917, Rasen und Saatarbeiten, (Anonymus 2018d) zu Grunde. Die beiden Varianten der Regelsaatgutmischung **1** sind als Repräsentationsgrün konzipiert, sie haben

Tabelle 5: Unterschiedliche Rasentypen (Anonymus, 2019b)

Rasentyp	Anwendungsbereich	Eigenschaften	Pflege-ansprüche
Zierrasen	Repräsentationsgrün, Hausgärten	dichte, teppichartige Narbe aus feinblättrigen Gräsern, Belastbarkeit gering	hoch bis sehr hoch
Gebrauchs-rasen	öffentliches Grün; Wohnsiedlungen; Hausgärten u. a.	Belastbarkeit mittel, widerstandsfähig gegen Trockenheit	mittel bis hoch
Strapazier-rasen	Park-, Sport- und Spiel-plätze, Liegewiesen	Belastbarkeit hoch (ganzjährig)	gering bis hoch
Tiefschnitt-rasen	Golfgrüns	Tiefschnitttoleranz hoch	sehr hoch
Land-schaftsrasen	freie Landschaft; Randzonen an Verkehrwegen; Rekultivierungsflächen	hocher Erosionsschutz, widerstandsfähig gegen Trockenheit	gering

relativ hohe Pflegeansprüche und zeichnen sich durch eine geringe Strapazierfähigkeit aus. Wird auf Zierrasen ein Tiefschnitt (Schnitthöhe < 1 cm) angestrebt, sind die beiden extrem tiefschnittverträglichen Arten Rotes Straußgras (*Agrostis capillaris*) und Flechtstraussgras (*Agrostis stolonifera*) unter gänzlichem Verzicht auf Deutsches Weidelgras (*Lolium perenne*) und auf Kosten des Rotschwingels (*Festuca rubra*) mit einem Anteil von mindestens 15 Gew.-% in die Mischung aufzunehmen. Für Hausgärten mit mittlere Strapazierung ist die Regelsaatgutmischung Variante **2.2/1** geeignet. Sollen derartige Flächen stark strapaziert werden, so kann die Berücksichtigung feinblättriger Sorten des Rohrschwingels (*Festuca arundinacea*) zu Lasten des Rotschwingels angezeigt sein. Ebenso zeichnet sich die Variante **2.3** durch eine gute Strapazierfähigkeit bei gleichzeitig mittleren Pflegeansprüchen aus. Die Regelsaatgutmischung **3.1** bietet sich für die Anlage von Sportrasen mit ganzjährig hoher Strapazierung an, die Variante **3.2** weist eine gute Eignung für die Nachsaat geschädigter Sportrasennarben auf. Für Extensivrasen in frischen Lagen ist die Regelsaatgutmischung **7.1** und für trockene Lagen die Regelsaatgutmischung **7.2** konzipiert. Bei den Varianten der Extensivrasen handelt es sich um Grünflächen in der freien Landschaft, wie Straßenbegleitgrün u. ä. In der offiziellen Empfehlung (Anonymus 2019b) sind insgesamt über 20 Regelsaatgutmischungen aufgelistet. Dieser Umfang ist sachlich nicht zwingend, weshalb sich hier auf die wesentlichen Saatgutmischungen bewusst beschränkt wird.

Tabelle 6: Saatgutmischungen für verschiedene Rasenflächen, Anteile in Gewichts-%

Arten	Rasentyp:	Intensivrasen						**Extensivrasen**	
	Rasenform:	Zierrasen		Gebrauchsrasen		Sportrasen		Landschaftsrasen	
	RSM:	1		2		3		7	
	Variante:	1.1	1.2	2.2/1	2.3	3.1	3.2	7.1	7.2
Hundsstraußgras (*Agrostis canina*) oder Rotes Straußgras (*Agrostis capillaris*)								5	
Aufrechte Trespe (*Bromus erectus*)									5
Schafschwingel (*Festuca ovina* s.l.)				15				**35**	**55**
Horstrotschwingel (*Festuca nigrescens*)		30	40	25	20			25	10
Ausläuferrotschwingel (*Festuca rubra rubra*)		20	30	10	10			10	10
Kurzausläuferrotschwingel (*Festuca trichophylla*)		30	30	10	10			10	10
Deutsches Weidelgras (*Lolium perenne*)		20			30	40	**85**	5	10
Wiesenrispe (*Poa pratensis*)				40	30	60	15	10	
Saatgutmenge insgesamt g m^{-2}		25		25		25	30	20	

Auf Golfplätzen, Cricketrasen, Rasentennisplätzen, Hockeyplätzen, Rugbyrasen und Pferderennbahnen liegen auf Grund der Anforderungen durch die jeweilige Sportart und der daraus resultierenden spezifischen Pflege (Schnitthöhe etc.) Besonderheiten vor, denen bei der Auswahl der Saatgutmischung Rechnung zu tragen ist. Entsprechend der Strapazierung und den Anforderungen des Spielbetriebes lassen sich auf **Golfplätzen** mindestens vier verschiedene, gleichzeitig vorkommende Rasenformen unterscheiden (Tab. 6). Für *Tees*

(Abschläge) eignet sich die Regelsaatgutmischung **2.3**, für *Fairways* (Spielbahnen und Vorgrüns) bietet sich gleichfalls die Regelsaatgutmischung **2.3** an, für *Roughs* und *Semi-Roughs* (Spielbahnrand angrenzender Bereich) je nach Wasserhaushalt die Regelsaatgutmischungen **7.1** (= frische Lagen) oder **7.2** (= trockene Lagen) und für die *Greens* (Grüns) die Regelsaatgutmischung **1.2** unter Verwendung der beiden Arten Rotes Straußgras (*Agrostis capillaris*) und Flechtstraußgras (*Agrostis stolonifera*) mit einem Anteil von mindestes 15 Gew.-% zu Lasten des Rotschwingels (*Festuca rubra*). Wegen der guten Tiefschnitt- und hohen Belastungsverträglichkeit kann für die *Greens* und *Tees* die zusätzliche Aufnahme der Lägerrispe *(Poa supina)* in die entsprechenden Saatgutmischungen nützlich sind. Für die Anlage von die Spielbahnen begleitenden Roughflächen sollten Artenmischungen mit standortsheimischem Saatgut verwendet werden. Zur Förderung des Artenreichtums sind diese Flächen dann nach der Blüte der Kräuter zu mähen und das Mahgut abzufahren. Eine jährliche zweimalige Mahd hat sich bewährt. Gute **Rasentennisplätze** weisen eine Schnitthöhe von 1 cm und weniger auf und müssen darüber hinaus ausreichend scherfest sein; diesen Anforderungen kommt die Regelsaatgutmischung **3.1** am nächsten. Auf Grund der Tiefschnittverträglichkeit und des guten Regenerationsvermögens kann ferner die Berücksichtigung der Lägerrispe *(Poa supina)* angebracht sein. Die Forderungen, die an die Narben von **Hockeyplätzen** gestellt werden, sind ähnlich denen der Rasentennisplätze; wegen der etwas größeren Schnitthöhe von 1,5 bis 2,0 cm sind die Forderungen nicht ganz so ausgeprägt, d.h. für diesen Anwendungsbereich kommt gleichfalls die Regelsaatgutmischung **3.1** mit einer möglichen Verwendung der Lägerrispe *(Poa supina)* in Frage. **Rugbyrasen** weisen, abgesehen von der größeren Schnitthöhe mit 5 bis 7 cm, ähnliche Eigenschaften wie gewöhnliche Sportrasen auf, demzufolge kommt für die Erstellung solcher Anlagen die Regelsaatgutmischung **3.1** in Frage. **Pferderennbahnen** müssen eine gute Scherfestigkeit und hohe Belastbarkeit aufweisen, dem trägt u. a. auch die Schnitthöhe mit 6 bis 8 cm Rechnung. Für die Anlage kommen, was die Arten und Sorten anbelangt, bevorzugt Saatgutmischungen für intensiv bewirtschaftetes Grünland – Standardmischung G III (vgl. Seite 73), ergänzt um u. U. Rohrschwingel (*Festuca arundinacea*), – zur Anwendung; die Aussaatmenge ist hier mit allgemein 5 bis 10 g m^{-2} allerdings wesentlich höher als auf Grünland.

5.2 Sortenfrage

5.2.1 Grundsätzliches

Von den ansaatwürdigen Arten des Grünlandes darf kein Handels- oder Behelfssaatgut gehandelt werden; bis auf Aufrechte Trespe *(Bromus erectus)* und Lägerrispe *(Poa supina)* trifft dies nach dem Saatgutverkehrsgesetz vom 20. August 1985 (Anonymus 1986) auch für die restlichen Arten zu, die als ansaatwürdig für die Anlage von Rasenflächen zu betrachten sind – vgl. Abschnitt 5.1.2. Da ferner die im EU-Sortenkatalog eingetragenen Sorten keinen Verkehrsbeschränkungen unterliegen, ist der Sortenumfang der für die Anlage von Grünland und Rasenflächen in Frage kommenden Arten ganz beachtlich. Eine Übersicht zu dem Sortenumfang vermittelt die Zusammenstellung der Tabelle 7 (Anonymus 2018b, 2019a).

Nach § 30 Saatgutverkehrsgesetz (Anonymus 1986) wird eine Sorte zugelassen, wenn folgende Bedingungen erfüllt sind:

- sie unterscheidbar,
- sie hinreichend homogen,
- sie beständig,
- sie von landeskulturellem Wert und
- sie mit einer eintragungsfähigen Sortenbezeichnung versehen ist.

Die Forderung nach landeskulturellem Wert entfällt bei den Sorten von Gräsern, bei denen der Aufwuchs des Saatgutes nicht zur Nutzung als Futterpflanze bestimmt ist, d.h. bei Rasengräsern. Da Sorten u. a. unterscheidbar sein müssen, kann unterstellt werden, dass bei Arten, bei denen der Sortenumfang groß ist, die sortenbedingte Variabilität innerhalb einer Art ein ganz beachtliches Ausmaß annehmen kann; somit kommt gerade hier einer gezielten Sortenauswahl Bedeutung zu. Darüber hinaus ist die Sortenauswahl bei dem späteren Hauptbestandsbildner ganz wesentlich. Zur Verbreiterung der genetischen Basis sollten von dem späteren Hauptbestandsbildner stets mehrere Sorten in einem Gemisch berücksichtigt werden.

Die Bedeutung der Sortenfrage und die sich damit bietenden Möglichkeiten wurden in der Vergangenheit unterschätzt, da anfangs davon ausgegangen wurde, dass

- in einer relativ kurzen Prüfzeit und
- bei der Prüfung in Reinsaaten

Tabelle 7: Sortenumfang der in den Beschreibenden Sortenlisten aufgeführten Gräsersorten (Anonymus 2018b, 2019a)

Arten	Futter-	Rasen-	Summe
	Sorten		
Deutsches Weidelgras *Lolium perenne*	> 140	100	> 240
Welsches Weidelgras *Lolium multiflorum*	> 50		> 50
Wiesenrispe *Poa pratensis*	8	> 35	> 40
Horstrotschwingel *Festuca nigrescens*		45	45
Ausläuferrotschwingel *Festuca rubra rubra*	4	>35	40
Kurzausläuferrotschwingel *Festuca trichophylla*		26	26
Rohrschwingel *Festuca arundinacea*	5	9	14
Schafschwingel *Festuca trachyphylla (Hack.)*		13	13
Gemeiner Schwingel *Festuca ovina ssp.vulgaris*		1	1
Wiesenschwingel *Festuca pratensis*	15		15
Knaulgras *Dactylis glomerata*	15		15
Wiesenlieschgras *Phleum pratense*	12		12
Rotes Straußgras *Agrostis capillaris*		5	5
Flechtstraußgras *Agrostis stolonifera*		3	3
Wiesenfuchsschwanz *Alopecurus pratensis*	4		4
Glatthafer *Arrhenatherum elatius*	1		1
Goldhafer *Trisetum flavescens*	1		1
Lägerrispe *Poa supina*			2
Summe	> 250	> 270	> 520

eine fundierte Aussage für Dauermischbestände nicht möglich sei. Zahlreiche Untersuchungen belegen, dass Sortenunterschiede in zumindest artenarmen Mischungen ähnlich markant ausgeprägt sind wie in Reinsaaten und Aussagen über Persistenz über indirekte Kriterien bereits nach einer relativ kurzen Beobachtungszeit möglich sind.

Zur Sortenauswahl ist im Hinblick auf die Saatgutkosten darauf zu verweisen, dass die Preise je nach Sorte ganz beträchtliche Differenzen aufweisen können. Neben kurzfristigen Preiseinflüssen, die aus Angebot und Nachfrage resultieren, geht mittel- und langfristig ein nachhaltiger Effekt von der Samenertragsleistung einzelner Sorten auf den Saatgutpreis aus. So bringen Sorten mit einer ausgeprägten vegetativen Phase, d. h. guten Weide- oder Raseneigenschaften, vielfach wesentlich geringere Samenerträge als solche Sortentypen, bei denen die vegetative Phase nicht so markant vorhanden ist. Somit haben Sorten mit mittleren bis geringen Samenerträgen und dann allgemein guten Weide- und Raseneigenschaften mittel- bis längerfristig durchweg einen höheren Saatgutpreis zur Folge. Da Ansaaten generell kostenträchtig sind und von Dauer sein sollen, sollten nicht Einsparungen über die Sortenauswahl, sondern über die Aussaatmenge vorgenommen werden; vor allem bei der Anlage von Rasenflächen bieten sich über Einsparungen bei dem Saatgutaufwand noch Reserven.

5.2.2 Sorteneigenschaften

Für den Anwendungsbereich Grünland bestehen größere sortenbedingte Unterschiede in folgenden Eigenschaften:

- in dem Zeitpunkt der Blütenstandbildung, was Auswirkungen auf die Nutzungsmöglichkeiten hat,
- in dem Wuchstyp, was sich in den Merkmalen Blatthaltung und Narbendichte zeigt und Auswirkungen in Abhängigkeit von der Nutzung auf die Kampfkraft hat,
- in dem Blatt-/Halmverhältnis und der Blattbreite, was sich bei einigen Arten günstig auf die Futterqualität auswirkt,
- in der Krankheitsresistenz, was in Zusammenhang mit der Leistung und Ausdauer zu sehen ist sowie
- in der Ertragsleistung und Futterqualität, was letztendlich jeweils aus einer Reihe von Haupt- und Nebeneffekten resultiert.

Für den Anwendungsbereich Rasen bestehen innerhalb der Arten je nach Sortenumfang u. a. folgende größere sortenbedingte Unterschiede:

- in der Narbendichte bei Tief-, Normalschnitt und bei extrem geringer Nutzungsfrequenz,
- in den Zuwachsraten sowohl bei Intensiv- wie Extensivrasen,
- in der Blattbreite, Blattfarbe und Belastbarkeit, was bei Intensivrasen für den Aspekt von Bedeutung sein kann,
- in der Krankheitsanfälligkeit, ausgelöst vornehmlich durch Pilze und Viren sowie
- in der Winterhärte und Trockenheitsresistenz bzw. im Regenerationsvermögen.

Informationen zu spezifischen Sorteneigenschaften lassen sich der Beschreibenden Sortenliste des Bundessortenamtes (Anonymus 2018b, 2019a) und offiziellen Mischungsempfehlungen (Anonymus 2018a), die auch Sortenhinweise ausgeben, entnehmen. Die Mischungsrezepturen und der Sortenumfang unterliegen aus den verschiedensten Gründen einem gewissen Wandel, unabhängig davon ist jedoch das Grundsätzliche kaum zeitabhängig.

Für den landwirtschaftlichen Anwendungsbereich sind nur auf Futternutzung geprüfte und gut beurteilte Sorten zu verwenden. Sorten, die auf Rasennutzung geprüft und gut beurteilt sind, sollen grundsätzlich auf Intensivrasen zur Anwendung kommen. Zur Anlage von Pferderennbahnen und Extensivrasen lassen sich mit Erfolg auch für die Futternutzung entwickelte und geprüfte Sorten benutzen; diese Sorten sollten allerdings dichte Narben bilden und geringe maximale Aufwuchshöhen aufweisen, hierbei handelt es sich allgemein um Sorten der späten Reifegruppen.

6 Literaturverzeichnis

Anonymus, 1986: Saatgutverkehrsgesetz. Bundesministerium für Justiz und Verbraucherschutz.

Anonymus, 2009: Gesetz zur Neuregelung des Rechts des Naturschutzes und der Landschaftspflege. Bundesgesetzblatt Jahrgang 2009, Teil 1, Nr. 5.

Anonymus, 2018a: Qualitätsstandard-Mischungen für Grünland. Verband der Landwirtschaftskammern. Haus Riswick, Kleve.

Anonymus, 2018b: Beschreibende Sortenliste Futtergräser, Esparsette, Klee, Luzerne. Herausgeber Bundessortenamt Hannover.

Anonymus, 2018c: DIN 18035-4. Sportplätze – Teil 4: Rasenflächen. Baunormenlexikon.

Anonymus, 2018d: DIN 18917. Rasen und Saatarbeiten. Baunormenlexikon.

Anonymus, 2019a: Beschreibende Sortenliste Rasengräser. Bundessortenamt Hannover.

Anonymus, 2019b: Regel-Saatgut-Mischungen Rasen. Rasenmischungen mit Kurzbeschreibung. Deutsche Rasengesellschaft e.V., www.rasengesellschaft.de (Abruf: 2.8.2019)

BfN, 2018: Rote Liste gefährdeter Tiere, Pflanzen und Pilze Deutschlands. Band 7: Pflanzen. Hrsg.: Bundesamt für Naturschutz, Bonn.

BfN, 2019: FloraWeb. Hrsg.: Bundesamt für Naturschutz Bonn. <URL: http://www.floraweb.de/index.html> (abgerufen am 16.04.2019)

Briemle, G. & H. Ellenberg, 1994: Zur Mahdverträglichkeit von Grünlandpflanzen, Möglichkeiten der praktischen Anwendung von Zeigerwerten. Natur und Landschaft, 69, 4, 139-147.

Briemle, G. 1997: Möglichkeiten und Grenzen der Anwendbarkeit von Wertzahlen im Grünland. Das wirtschaftseigene Futter, 43, 2, 141-161.

Briemle, G., Nitsche, S. & L. Nitsche. 2002: Nutzungswertzahlen für Gefäßpflanzen des Grünlandes. – in: BIOLFLOR-Datenbank (= Schriftenreihe für Vegetationskunde Heft 38: 203-225), Bonn.

Buttler, K.-P., Thieme, M. und Mitarbeiter, 2018: Florenliste von Deutschland – Gefäßpflanzen, Version 10. Frankfurt a. M., Internetabruf: http://www.kp-buttler.de

Ellenberg, H., 1991: Zeigerwerte der Gefäßpflanzen (ohne Rubus).- in: Ellenberg, H., Weber, H. E., Düll, R., Wirth, V., Werner, W.,

Paulissen, D.: Zeigerwerte von Pflanzen in Mitteleuropa. – Scripta geobotanica 18: 9-166.
Klapp, E., Boeker, P., König, F. & A. Stählin, 1953: Wertzahlen der Grünlandpflanzen. Das Grünland 2, 38–40.
Kuhn, G., Heinz, S. & Meyer, F., 2011: Grünlandmonitoring Bayern. Ersterhebung der Vegetation 2002 – 2008. Schriftenreihe der Bayerischen Landesanstalt für Landwirtschaft, Freising.
LAZBW, 2019: Empfehlungen für die Aussaat und Nachsaat von Dauergrünland. Hrsg.: Landwirtschaftliches Zentrum für Rinderhaltung, Grünlandwirtschaft, Milchwirtschaft, Wild und Fischerei Baden-Württemberg.
Opitz von Boberfeld, W., 1994: Grünlandlehre. Stuttgart, Verlag Eugen Ulmer.
Seither, M., Engel, S., King, K. & Elsäßer, M., 2014: FFH-Mähwiesen. Grundlagen – Bewirtschaftung – Wiederherstellung. Hrsg.: LAZBW Aulendorf.
Tüxen, R. & E. Preising, 1951: Erfahrungsgrundlagen für die pflanzensoziologische Kartierung des westdeutschen Grünlandes. Angew. Pflanzensoziologie, Heft 4.
Wurth, W., 2007: Regelansaatmischungen für Dauergrünland in Baden-Württemberg. Landinfo, 2, 23-25.

7 Artenverzeichnis

7.1 Trivialnamen

Die Zahlen und Buchstaben entsprechen der Kennung im Text (nicht blühend → Zahl, blühend → Großbuchstaben) und den Abbildungen. Bei den hervorgehobenen Namen handelt es sich um Pflanzen, die als gefährdet eingestuft sind.

Blaugras 19, H
Borstgras 1, A
Dreizahn 6, O
Fiederzwenke 35, C
Fuchsschwanz
- Knick- 40, L
- Wiesen- 43, K

Gerste, Wiesen- 28, D
Hafer
- Flaum- 7, SS
- Glatt- (Fromental) 39, TT Q
- Gold- 38, UU
- Trift- 18, CC

Honiggras
- Weiches 34, BB
- Wolliges 33, T

Kammgras 15, B
Knaulgras 10, Q
Lieschgras
- Wiesen- 46a, Ja
- Zwiebel- 46b, Jb

Pfeifengras (Besenried) 25, V
Quecke 27, E
Reitgras, Sumpf- 32, JJ
Rispe
- Berg- 13, NN
- Gemeine 22, QQ
- Jährige 20a, Ua
- Läger- 20b, Ub
- Sumpf- 23, PP
- Wiesen- 21, OO

Rohrglanzgras 45, S
Ruchgras 26, M
Schilfrohr 24, FF
Schmiele
- Draht- 2, AA
- Kamm- 9, N
- Rasen- 5, HH

Schwaden
- Flutender 11, R
- Wasser- 12, GG

Schwingel
- Rohr- 29, W
- Rot- 4, 17, Z
- Schaf- 3, Y
- Wiesen- 30, X

Straußgras
- Flecht- 41a, MM
- Hunds- 16, KK
- Rotes 42, LL
- Weißes 41b, MM

Trespe
- Aufrechte 8, RR
- Trauben- 37, EE
- Weiche 36, DD

Weidelgras
- Deutsches (Englisches Raygras) 14, F
- Welsches (Italienisches Raygras) 31, G

Zittergras 44, P

7.2 Botanische Bezeichnung

Die Zahlen und Buchstaben entsprechen der Kennung im Text (nicht blühend → Zahl, blühend → Großbuchstaben) und den Abbildungen. Bei den hervorgehobenen Namen handelt es sich um Pflanzen, die als gefährdet eingestuft sind.

Agrostis
- *canina* 16, KK
- *capillaris* 42, LL
- *gigantea* 41b, MM
- *stolonifera* 41a, MM

Alopecurus
- *geniculatus* 40, L
- *pratensis* 43, K

Anthoxanthum odoratum 26, M
Arrhenatherum elatius 39, TT
Brachypodium pinnatum 35, C
Briza media 44, P
Bromus
- *erectus* 8, RR
- *hordeaceus* 36, DD
- *racemosus* 37, EE

Calamagrostis canescens 32, JJ
Cynosurus cristatus 15, B
Dactylis glomerata 10, Q
Danthonia decumbens 6, O
Deschampsia
- *cespitosa* 5, HH
- *flexuosa* 2, AA

Elymus repens 27, E
Festuca
- *arundinacea* 29, W
- *ovina* 3, Y
- *pratensis* 30, X
- *rubra*
  - *commutata* 4, Z
  - *rubra* 17, Z

Glyceria
- *fluitans 11, R*
- *maxima* 12, GG

Helictotrichon
- *pratense* 18, CC
- *pubescens* 7, SS

Holcus
- *lanatus* 33, T
- *mollis* 34, BB

Hordeum secalinum 28, D
Koeleria pyramidata 9, N
Lolium
- *multiflorum* 31, G
- *perenne* 14, F

Molinia caerulea 25, V
Nardus stricta 1, A
Phalaris arundinacea 45, S
Phleum
- *bertolonii* 46b, Jb
- *pratense* 46a, Ja

Phragmites australis 24, FF
Poa
- *annua* 20a, Ua
- *chaixii* 13, NN
- *palustris* 23, PP
- *pratensis* 21, OO
- *supina* 20b, Ub
- *trivialis* 22, QQ

Sesleria caerulea 19, H
Trisetum flavescens 38, UU

HIER KÖNNEN SIE WEITERLESEN

Schalenwild, Wildkaninchen und Fasane können in landwirtschaftlichen Kulturen und in Weinbergen großen Schaden anrichten. Erfahren Sie, wie Sie im Schadensfall zu Ihrem Recht kommen. Verschaffen Sie sich mit diesem Buch Einblicke in die Rechtslage und lernen Sie, wie Wildschäden bewertet werden, dann können Sie abschätzen, ob sich ein Schadensverfahren für Sie lohnt.

Wildschäden. In der Landwirtschaft. R. Vollmer. 2017.

136 Seiten, 38 Farbfotos, 7 Zeichnungen, 16 Ablaufschemata, kart.

ISBN 978-3-8001-0333-1.

EINFACHE GRÄSERBESTIMMUNG

In dieser Süßgräser-Flora sind 214 Gräserarten im nichtblühenden und blühenden Zustand beschrieben. Ergänzt werden diese Angaben um die Häufigkeit des Vorkommens und Hinweise zum Gefährdungsgrad, zu den Umweltansprüchen und den Nutzungsmöglichkeiten als Futterpflanze sowie für Begrünungszwecke. Neben Informationen über Saatgutmischungen wird auch auf die Variabilität innerhalb der Arten sowie die sich daraus ergebenden Konsequenzen eingegangen.

Taschenbuch der Gräser. Erkennung und Bestimmung, Standort und Vergesellschaftung. E. Klapp. 14., aktualisierte Auflage 2013. 264 Seiten, 749 Abbildungen, geb. ISBN 978-3-8001-7984-8.

BIOGAS – DIE ZUKUNFTSENERGIE

Erfahren Sie in diesem Buch alles Wissenswerte zur Planung der Anlagentechnik für landwirtschaftliche und industrielle Biogasanlagen. Ein besonderer Fokus wird auf die Wirtschaftlichkeit von Biogasanlagen sowie die Aufbereitung und Verwertung von Speiseresten und Marktabfällen gelegt. Schäden an Biogasanlagen und deren mögliche Sanierung werden ausführlich erläutert.

Biogasanlagen. Planung, Errichtung und Betrieb von landwirtschaftlichen und industriellen Biogasanlagen. U. Görisch, M. Helm (Hrsg.). 3., völlig neu bearb. Auflage 2014. 128 Seiten, 41 Fotos, 13 Tabellen, kart. ISBN 978-3-8001-7885-8.